AQUARIUS

AQUARIUS

AQUARIUS

AQUARIUS

Vision

一些人物，
一些視野，
一些觀點，
與一個全新的遠景！

傷獸之島

我當野生動物獸醫師的日子

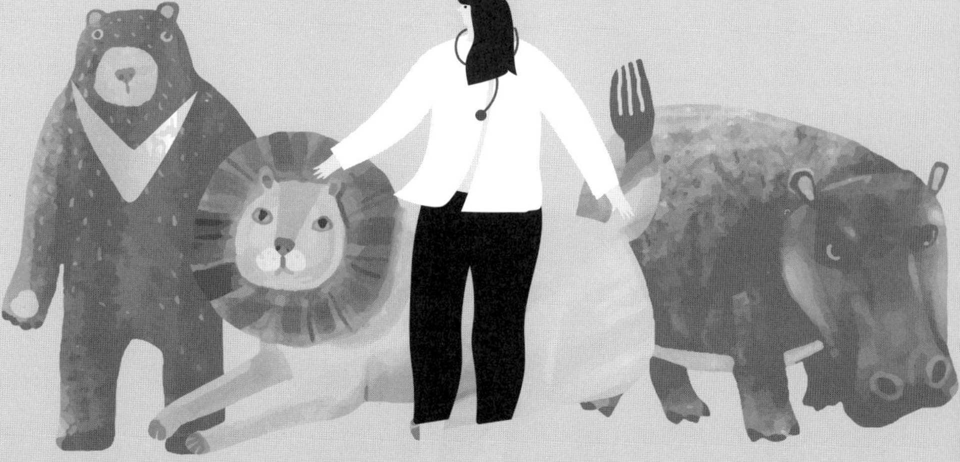

蓁孟柔（「WildOne野灣野生動物保育協會」共同創辦人）

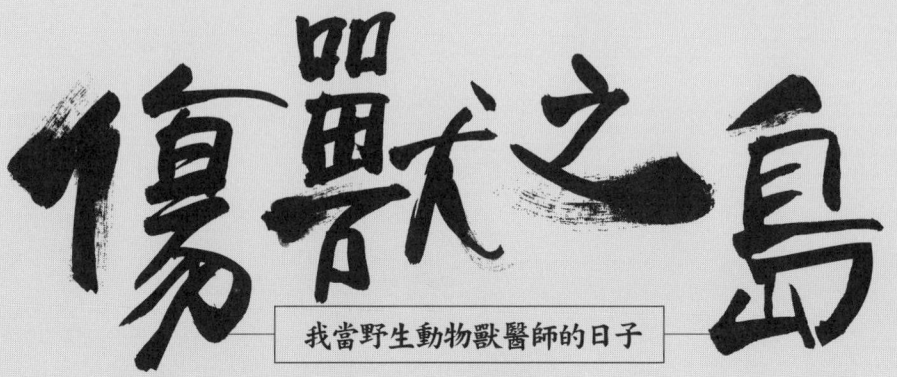

各界人士齊心推薦（依姓氏筆劃順序排列）

【專文推薦】

白心儀（生態節目製作人＆主持人）

林華慶（林業及自然保育署署長）

【同心推薦】

古碧玲（《上下游副刊》總編輯）

吳昌祐（林業及自然保育署臺東分署分署長）

李偉文（荒野保護協會榮譽理事長／作家）

祁偉廉（中華鯨豚協會理事長／亞洲大學附屬獸醫教學醫院院長）

張東君（科普作家）

連一洋（國立屏東科技大學獸醫學院院長）

孫敬閔（國立屏東科技大學野生動物保育研究所助理教授）

陳巧薇（紀錄片導演）

麥覺明（人文山岳導演）

黃美秀（台灣黑熊保育協會理事長）

裴家騏（台灣野生動物學會理事長）

劉偉蘋（「挺挺動物應援團」創辦人）

【推薦序】

不是白雪公主，是母獸

這本書是一種撞擊，為讀者撞開正確的動物知識大門。保育，從認識、從理解開始。

文◎白心儀（生態節目製作人&主持人）

初見孟柔，是在屏科大野生動物收容中心。

那年，我正在拍攝石虎紀錄片，我們團隊前往收容中心，記錄一隻名為「阿肥」的截肢石虎的健檢。由於健檢一年只有一次，萬一沒拍好，得再等明年，所以我全部的注意力都集中在阿肥身上，卻忍不住偷偷多看孟柔幾眼。

「獸醫師也太美了吧！」我心想，而且人如其名，夢一般的溫柔、美好。後來我才明瞭，這位美女醫生，不是白雪公主。

「野生動物獸醫師的日常，不像白雪公主身邊常有可愛的小動物圍繞……」孟柔在她的新書《傷獸之島——我當野生動物獸醫師的日子》，開宗明義就戳破我們對美麗獸醫的浪漫綺想。她不是童話故事的白雪公主，而是傷獸之島的強悍母獸。為了保護脆弱、傷病的野生動物，她勇敢而堅定。不管是連滾帶爬吹箭麻醉張著大嘴的臺灣黑熊，或是手背被憂鬱的長臂猿咬掉一塊肉，她從沒後悔最初的選擇，甚至「越管越寬」！

痛心臺灣東部缺乏野生動物的救傷機構，許多受傷的動物都在西送的過程中死亡，於是，內心的母獸又被喚醒了。她號召一群熱血的年輕獸醫師、照養員，集體東漂到臺東池上，成立東部第一、也是唯一的野生動物醫院「野灣」。

「收容中心的工作很穩定，離開不覺得可惜嗎？況且東部資源很少，很辛苦！」最初聽到她的大膽決定，我忍不住杞人憂天。

「總要有人做吧！」女神漾起甜甜的笑容，淡淡地說。

／

全臺灣有五千多名獸醫師，投入野生動物救傷的不到二十五人——百分之零點五的懸殊比例，野生動物獸醫師應該也算是臺灣瀕危稀有的動物，絕對需要好好保育。

孟柔從小就立志當獸醫師，她的書裡分享了這段「獸醫養成記」，從第一堂解剖課的震撼，到一次檢驗幾百個血液樣本的壓力，生動鮮活的文字，我彷彿聞到我第一次解剖牛眼睛的駭人氣味（當年我也是吐了一地）。

而寒、暑假的校外實習，當其他同學擠破頭，想擠進知名的犬貓寵物醫院，孟柔偏沒興趣。她跑去馬場照顧馬匹，並且發現許多馬因為長時間被騎乘，背部和腳踝腫脹，再加上馬鞍來回摩擦，皮膚脫毛、破皮、結痂，反覆輪迴。這是她第一次近距離接觸野生動物，有心得，也有心傷：「**在馬場常看到全身名牌的馬主與馬的互動。他們對待馬兒的方式，好像馬兒不是生命……**」

她還去南非參加研習營，獲取更多野生動物的知識。畢業以後，也前往美國的野生動物復健中心受訓，學習如何從保育的角度，決定動物的治療方式，一步一步朝著野生動物救傷的領域精進。

／

面對無法問診的病患，對症下藥之前，必須發揮偵探精神，尋出蛛絲馬跡。患者從六公克的東亞家蝠，到上百公斤的臺灣黑熊都有，考驗獸醫師的眼力、體力，甚至腰力。必要的時候，還得和喜歡人家摸牠「那裡」的紅毛猩猩鬥智；或者使出洪荒之力，把長頸鹿吊起來，用砂輪機幫牠修剪指甲。

這些考驗都不算太艱難，最難面對的，是現實的衝擊和情緒的管理。當親眼目睹小黑熊，有的被套索套到手掌壞死，像「爛掉的布丁」；有的困在陷阱，還被打了三槍，下頷、前肢都因中槍而骨折，子彈仍卡在皮下……專業獸醫師得抑住內心爆發的憤怒，為動物截肢，急救。

「比臺灣黑熊的大嘴更可怕的，是人。」與人類爭命，是一場最無奈的戰役。

但是，當動物死去，根本來不及哭，因為，下一隻動物不會等你。所以，診療檯上的動物斷了氣，不能呼天搶地，而是灌一杯全糖飲料，振作精神，解剖屍體，蒐集資料……**「對獸醫師來說，眼前動物傷患的死亡並不是結束」**，如果能從現在的死亡，找到未來生存的希望，至少，動物沒有白白犧牲。抑或是，只能這樣安慰自己了?!

隨著跨入生態保育界，參與越來越多野生動物的救傷與救援，孟柔驚覺，許多獸醫系學生，對臺灣的原生動物依舊相當陌生。畢竟，原生動物不是臺灣獸醫系教學的主流，有的畢了業，還不知道臺灣有「穿山甲」這種保育類動物，甚至擔心被「臺灣的食蟻獸」咬傷。事實上，穿山甲沒有牙齒。儘管小眾、冷門，孟柔對野生動物的救傷和保育，依舊充滿熱忱。

多年的診療經歷，她看見人類因為自以為是的愛心，餵養或私養野生動物。現行法規並未禁養一般類的野生動物，例如松鼠、飛鼠、白鼻心等等。但是野生動物確實不適合當寵物，除了住家環境無法提供足夠空間，飼主大多不了解野生動物的食性，動物很容易營養失衡。於是，診間出現吃香蕉吃到骨頭變形的松鼠，喝奶喝到拉肚子的大赤鼯鼠，還有被私養的馬來熊，長年吃人類便當吃到心臟肥大。

最好的飼養方式就是不飼養，「**不打擾，就是我們人類最好的溫柔**」。

再來是餵食遊蕩犬、貓的問題，孟柔嚴肅地提出：「**如果不能夠提供牠們一個家，就不要再盲目地延續牠們的生命。多一餐或許能活得比較久，但不能活得比較好……面對遊蕩犬、貓，如果愛牠，就帶牠回家，完整地疼惜牠。**」在臺灣，越來越多的穿山甲遭遊蕩犬隻啃咬，「**國際極度重視的穿山甲，在臺灣卻淪落為犬隻嘴下的玩具**」。

／

私養、餵養、犬殺、陷阱、棲地破壞、傳染病、保育政策等等，動物承受的這些

苦，根源都來自人類。孟柔說，獸醫師多半不擅與人相處，起初以為這份工作只需單純面對動物就好，但欲尋問題的解方，到頭來還是得面對人類。

「我努力地在這些問題之中，撞擊出一條活路，並期待能帶來一點點改變，幫助野生動物的生活過得更好一些。」

這本書，就是一種撞擊，為讀者撞開正確的動物知識大門。保育，從認識、從理解開始。

「每一趟與動物的生命旅程，都造就我今天對於人生的許多觀念。要說是我拯救動物，更正確的是，動物拯救了我。」

我想以書中這段話，作為本篇序文的註腳。人類救援動物的同時，也救贖了自己。

【推薦序】

守護傷獸的天使

臺灣第一次有像綦醫師這樣背景及經歷的野生動物獸醫師，以專書分享她的實務經驗與保育理念。

文◎**林華慶**（林業及自然保育署署長）

臺灣有五千多名獸醫師，而從事野生動物救傷的獸醫師不到二十五人。這些在山野間為臺灣野生動物救傷而奔走的獸醫師們，是野生動物保育的前鋒，是守護傷獸的天使。

曾經，臺灣東部地區缺乏專業的野生動物醫療設施，受傷或生病的野生動物，通

常需要遠送至西部的醫療中心進行治療，導致延誤寶貴的救援時間。這是當年，綦孟柔醫師救援臺東一隻被遊蕩犬攻擊的山羌，卻因無法及時送往屏東治療，被迫將其安樂死後，所萌生「在臺灣東部建立野生動物救傷中心」的初衷，繼而有了二〇一六年，「WildOne野灣野生動物保育協會」的創立。

野灣非營利野生動物醫院自二〇二〇年，正式加入野生動物救傷，不但將過去東部欠缺野生動物醫療資源的拼圖補上，也大幅縮短動物救援的距離及時間，讓更多的野生動物，有更多的機會存活下來。

／

在《傷獸之島——我當野生動物獸醫師的日子》這本書中，從圈養到野生個體的救傷醫療，我們和綦醫師一起見證，她是如何從一個為動物麻醉時，戰戰兢兢、手腳發抖的菜鳥，成長為面對臺灣黑熊仍能指揮若定的專家。

她不僅是一位野生動物醫療專業人士，更是深具熱忱的保育工作者，經常藉由救傷動物的案例，分享她對臺灣重要保育議題的看法。除了讓聽眾了解動物救援的過程，而從第一線醫療人員的角度闡述了安樂死、私養、遊蕩犬、陷阱等議題的矛盾與衝突，也能促使大眾反思「人與野生動物」的關係。

綦醫師的每一個故事，都讓我們看到野生動物救傷背後的艱辛與奉獻，並提醒我們如何建立合宜的保育觀。

／

這是臺灣第一次有像綦醫師這樣背景及經歷的野生動物獸醫師，以專書分享她的實務經驗與保育理念。內文不僅分享野生動物救傷的專業知識，更激發我們對於促進人與自然和諧共生的責任感。

在這個充斥多元意見與挑戰的時代，我們需要更多像綦醫師一樣的夥伴，以堅強、同理又溫柔的心，如天使般守護臺灣的自然環境。

【自序】

讓保育變成一項全民運動

每一趟與動物的生命旅程，都造就我今天對於人生的許多觀念。要說是我拯救動物，更正確的是，動物拯救了我。

寫《傷獸之島——我當野生動物獸醫師的日子》這本書的過程中，每個故事，都讓我很用力地去回想當時發生的所有情境與心境。

畢業於屏東科技大學獸醫系的我，除了要當獸醫這個志願之外，算是誤打誤撞地走上了野生動物救傷之路，大到獅子、黑熊，小到蝙蝠、老鼠，都是我的病患。在這條路上，沒有潔白的醫師袍，只有流血揮汗地跟動物鬥智、與人類抗衡的人生。

除了認真工作之外，野生動物獸醫師的看診人生也很精采又有趣。無論是被小獅子用「愛」咬出的無數個瘀青，還是夜間出動拯救臺灣黑熊，又或是奶大無數隻白鼻心、領角鴞寶寶……每一趟與動物的生命旅程，都造就我今天對於人生的許多觀念。要說是我拯救動物，更正確的是，動物拯救了我。

為什麼要幫助野生動物？

從一個小時候只知道要當獸醫的小孩，到有能力去幫助野生動物，很多人都問我：「這是你小時候的夢想嗎？」或是：「為什麼選擇當野生動物獸醫師？」為什麼要幫助牠們？我認為沒有什麼冠冕堂皇的理由，純粹是我覺得這份工作養得起自己、很有挑戰性，還可以幫助動物，僅此而已。

人類的寵物，大部分都有很照顧牠們的飼主。動物園裡面的動物，也有很專業的保育員在打理牠們的生活。野外的野生動物呢？只要不去打擾牠們，牠們就可以過得很好。偏偏人類的存在遍及地球上每個角落，只要有人的地方，就有破壞；但與此同時，也是有人的地方，才有救援。

就像警察抓小偷一樣，有人選擇做負面的事，有人選擇做正面的事。我呢？我在還沒確定自己的命定動物之前，選擇多看多走，最後選擇了野生動物獸醫師這條路。

許多的果，都是千百種因所造成

也正因為接觸了野生動物，讓我對於人生有了更加開闊的看法，野生動物都活得那麼慘了，我們還要抱怨什麼呢？

當我認為主管很機車、想法常常變來變去的時候，看到眼前這隻因為套索陷阱要面臨截肢的臺灣黑熊；再想想農民因為自己的生計而不得不放下套索，另外一頭又有一派聲浪喊著「禁套索」的倡議，為的是不要讓在外遊蕩的犬、貓被套索陷阱傷害……

靜下心仔細想想：套索的存在，是否就是因為有客群的需求？例如像是狩獵，又或是因應農損發生時，農民為了生計而選擇快速、方便的套索陷阱，短暫地阻止野生動物滋擾。

傳統套索非商品化物件，單靠幾個五金零件就可以組成，一旦全面禁止，是否會發生捕獵到保育類動物而不敢通報的狀況？屆時，檯面上看似保育有成，都沒有陷阱的案例出現，但山林裡發生的事情，我們或許再也不會知道，也就失去了改變的機會。

許許多多的果，都是千百種因所造成的。野生動物保育牽扯的層面之廣，也是這份工作困難又有趣的地方。慶幸這份職業訓練了我，面對問題要換位思考，通盤地解決問題。與其說是我救了野生動物，牠們教給我的反而更多。

國外如何進行野生動物救傷？

抱持著開放的態度，也讓我有機會從不同的面向，看見「動物與人」的關係。像是到尼泊爾的動物救援協會，協助遊蕩犬、貓的狂犬病注射及結紮時，在尼泊爾的首都加德滿都，滿街都可以看到遊蕩狗、遊蕩貓、遊蕩牛、野生獼猴在撿拾垃圾、偷取食物，又或者被遊客餵食。每一隻動物都骨瘦如柴，就連人都逗留在路邊。

在經濟條件不佳的環境下，人和動物為了飽餐一頓，保育觀念在這裡可說是蕩然無存。但卻有民間團體願意為了這些動物，跨國來到尼泊爾進行絕育和疫苗施打。

在物資匱乏的環境下，獸醫師用高超的基礎技術取代昂貴的儀器，快速地進行絕育手術，減少麻醉的成本。固定的手術流程和分工，讓獸醫師可以在短短的一小時內，進行三隻母犬的絕育。手術的前置作業和麻醉甦醒的過程，都由志工按照SOP進行。

就在我預設立場地認為這個連人都吃不飽的社會，誰還有空管狗的時候，看到志工透過有趣的文案和行動，來傳達遊蕩犬及狂犬病的問題，不僅為遊蕩犬請命，也是疾病傳播的控制。

再跳到美國明尼蘇達州，看到有規模的單位透過專業分工和角色分工，在有限的資源下，每年受理超過一萬隻的野生動物救傷。

如何讓民眾都負有一份「環境與我相關」的使命？志工跟我說，每當有民眾送野生動物來的時候，他都會詢問民眾：「你願意為你今天救援的這隻動物提供一點醫療費嗎？」這句話不僅為組織謀取經費，也點醒民眾「因為你，這隻動物才有救援的機會」。大部分民眾都會捐贈小筆經費，為了自己救起的這隻小動物，落實全民參與保育的理想。

成立「野灣野生動物保育協會」的初衷

出國鑽研野生動物的救傷及保育是我一開始的想法，認為到國外學習才是王道。但在職場上接觸了許多案例之後，我發現要有一些改變，臺灣的野生動物環境才會被人重視，而這樣的改變，是此時此刻的我就可以做到的。

如果公部門的經費不足，那我們就發起號召，讓更多與我們有同樣想法的人一起站出來，運用民眾的力量來獲取資源。

如果全臺野生動物獸醫師不到二十五人，那我們就提供野生動物救傷的場域，讓獸醫系學生們可以在畢業前就實地實習，除了培養人才之外，也提早讓學生們知道自己要的是什麼，擴大臺灣野生動物獸醫師的專業人力。

如果每一所學校都納入野生動物的教材，未來就不會再出現「原來臺灣也有穿山甲?!」的聲音，取而代之的是認識與我們共住的這些住民，一起在環境上達到平衡。

也正因為如此，「野灣」這個概念被我與其他創辦人一同實現出來，抱著「沒成功，大不了收掉」的心情。不過，卻證實了有許多人與我們有相同的想法，給了我們更多的勇氣，逐步地將野生動物救傷、環境教育和研究調查三大面向做得完善。

這個社會上沒有所謂哪個組織比較好，身為公與私之外的第三方組織，野灣希望補足公、私部門在環境生態上的不足，開放民眾的參與，讓保育變成一項全民運動。

野生動物的事，是與人息息相關的事

這本書集結了我在動物園、保育機構和動物醫院，擔任野生動物及特殊寵物的獸醫師所遇到的一些有趣、有淚的故事，每一則故事都是啟發我生命的小精靈。

都說獸醫師最討厭人，但獸醫師的工作，我相信是處理「人」的事情前幾名的行業。也感謝我在職涯中遇到的每一個人，都為我的生命增添了不同的風采。

最後，最感謝的是我的家人，能夠包容一個女兒東奔西跑，整天與動物膩在一塊兒，又突然說「我要創業了」！肯定讓大家擔心了一輪。感謝他們給我的包容，讓我無後顧之憂地繼續為臺灣的野生動物努力著。

期待有一天，所有的臺灣人面對野生動物保育，都像每天要吃飯一樣的理所當然。

為什麼我們要做保育？你說，為什麼不做呢？

目錄

各界人士齊心推薦 009
【推薦序】不是白雪公主，是母獸 文◎白心儀（生態節目製作人&主持人） 011
【推薦序】守護傷獸的天使 文◎林華慶（林業及自然保育署署長） 018
【自序】讓保育變成一項全民運動 021
野生動物獸醫師的救傷保育事件簿 033
序幕 手術檯上的小黑熊——野生動物的日常是無常 049
PART 1 跟動物搏命
我為什麼當野生動物獸醫師——最初的保育啟蒙 060

神獸寶寶（一）那年夏天，我照顧了二十幾頭小獅子——我最喜愛的物種 068
神獸寶寶（二）第一次當犀牛保母就上手——最菜、卻也最溫馨的片刻 078
神獸寶寶（三）親愛的紅毛猩猩寶寶——「紅毛味」是最香的氣味 087
世上最難醫治的動物——「最輕」與「最重」的病患 095
靈長類神獸（一）我沒見過那麼憂鬱的長臂猿——最有個性的野生動物 105
靈長類神獸（二）精靈般的金頰長臂猿——不打擾，就是人類最好的溫柔 114
靈長類神獸（三）懶猴，一點也不懶——最挫敗的一次抽血經驗 120
飛吧！大冠鷲太太——野生動物救傷中，最感動的時刻 128
如何麻醉一頭獅子？——最瘋狂的麻醉計畫 134
與動物鬥智——最吸引我的一項挑戰 139
白犀牛睡著了——最矛盾的保育難題 146
麻醉藥不是毒藥——獸醫師最有理說不清的事 154
中場 了解死亡，才能救助生命——獸醫師是如何養成的？ 159

PART 2 與人類爭命

傷痕會說話——最難處理的野生動物傷勢 172
營養失衡的受害者——一場最令人不捨的悲劇 181
營養小失誤，影響動物一輩子——最好的飼養方式，就是「不飼養」 190
讓臺灣黑熊重返山林——野生動物最嚮往的自由 199
全面禁用陷阱，是對的嗎？——野生動物救傷中，最令人感到掙扎的傷 211
死了一隻穿山甲之後——安樂死，最天人交戰的三秒鐘 219
保育的衝突與矛盾——最應正視的「遊蕩犬」議題 230
餵養的迷思——最好的關懷是不餵養、不放養 245
人類自以為是的「私養」——最終受苦的是動物 253
生命令人著迷，也令人畏懼——壓倒獸醫師的最後一根稻草 259
定期定額捐款，幫助野生動物 268

野生動物獸醫師的救傷保育事件簿

許多獸醫朋友都說：
「我就是不喜歡跟人打交道，才會當獸醫。」
我原本也是如此。

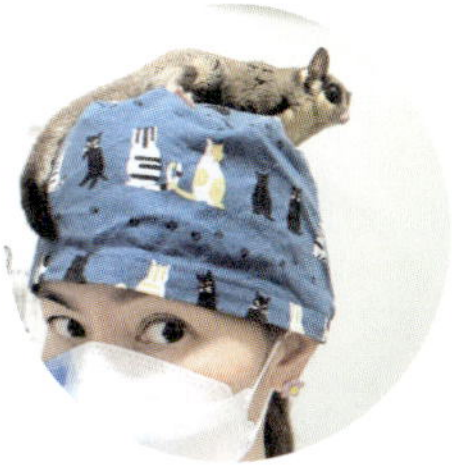

（密袋鼯趴在我頭頂。）

我曾貼身照顧二十幾隻小獅子，
說到帶小孩，在獸醫工作就先實習了一輪。

治療野生動物，「麻醉」很重要

頭幾回麻醉獅子時，前一晚我都會失眠，不斷在腦海中模擬整個流程，並且事先擬好工作人員的逃生路線、逃跑的順序。

有次為一頭獅子施打麻醉後，我們進籠準備幫牠做檢查，沒想到牠突然甩了一下尾巴，同時呼了一大口氣——牠醒了！

我們驚恐地對望一眼，轉頭便衝出籠子……

（照片非當事獅。）

一出生便跟著我的小獅子阿胖和阿瘦，
長大後還是很親人，
跟獅媽媽自己帶大的凶猛幼獅（見下圖）不一樣。

紅毛猩猩寶寶的味道，是熱帶雨林的果香味。
半夜吃飽奶之後，「十五咩」貼著我，平靜地睡著了，
我有種錯覺，好像在抱著一個人類的小嬰兒。

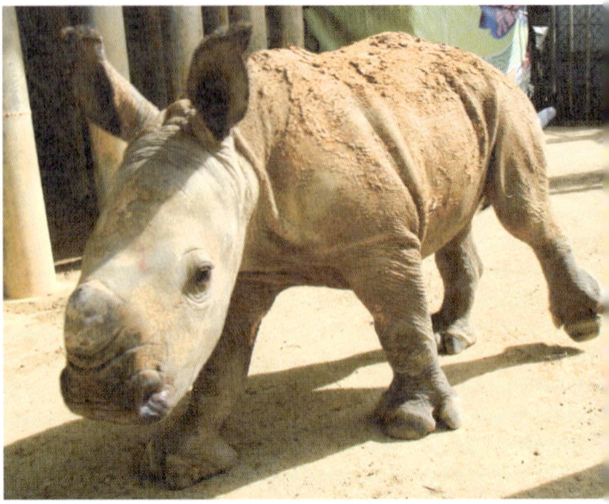

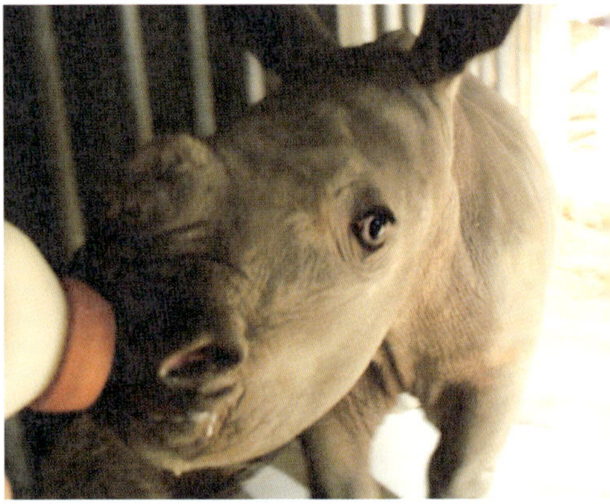

小犀牛剛出生時不多不少，剛好五十公斤

（右圖）第一次當犀牛保母，幾個月大的妮妮每次能喝二十五公斤的奶，吸吮的力道之大，害我差點要不回我的手！

（左圖）十一歲的妮妮，已經是媽媽了。那溫柔的眼神，就像小時候躺在我腿上時一樣。

為侏儒懶猴做體檢、安裝發報器

侏儒懶猴是全世界唯一有毒的靈長類動物，
也是越南的瀕危物種。
一隻懶猴平均體重才三百至五百克，
我把牠放在口罩上秤重。

救傷人的心，默默在補血

大冠鷲是臺灣常見的大型猛禽，翱翔天際的英姿很帥氣。但一旦腳或翅膀受傷，即使救回一命，也往往失去了在野外生存的能力，只能安樂死。

「大冠鷲太太」是少數的幸運，入院時，翅膀骨折又嚴重脫水的牠，經歷接骨、癒合，然後再一次重新學飛。

牠終於回到了屬於牠的那片天空——
在救傷人的心中，這是最百感交集、最感動的一刻。

讓臺灣黑熊重返山林

一級保育類的臺灣黑熊，全臺僅剩兩百至六百隻。野生動物的日常是無常……

（圖中為廣原小熊「Mulas」／農業部林業及自然保育署臺東分署提供。）

全臺灣到底要多少黑熊才夠？沒有人有標準答案。
但是讓給牠們多一點點生存空間，
也許下一次的天災不會有那麼嚴重的土石流或淹水，
這就是一次平衡的交會。
讓牠們自由，一切都值得。

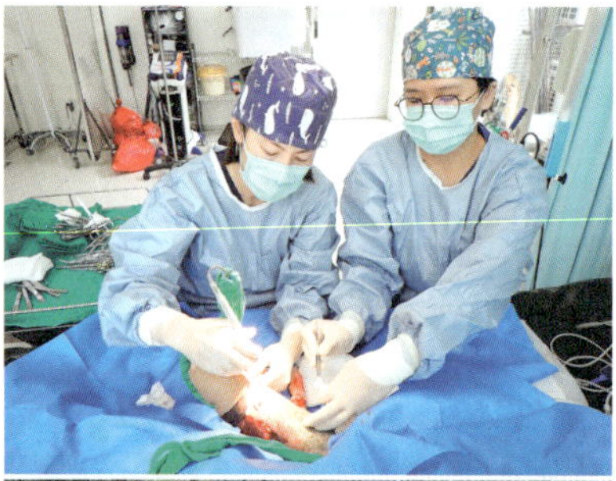

（上圖為廣原小熊「Mulas」，
下圖為嵌頂黑熊／農業部林業及自然保育署臺東分署提供。）

動物的野放，是我執著的初衷

遭遊蕩犬攻擊的小山羌，只有百分之二十的機率存活，能夠康復、順利野放的，更是命運之神的眷顧。

野生動物到底多重要？
比如，臺灣獼猴所扮演的角色，
是維持森林間的種子傳播、促進發芽。
我們的生態環境，因此而繁衍、多樣。

台灣可能是穿山甲的最後一塊保育重鎮

連獸醫實習生都分不清的穿山甲，
牠們吃螞蟻，但不是食蟻獸。
全球極度瀕危的牠們，
在臺灣卻淪落為犬隻嘴下的玩具，
被咬時，只能捲起身體，痛苦地等待噩夢結束。

守護這座傷獸之島

野生動物的救傷和保育，與人的事情息息相關，
有人的地方，就有破壞，
但也是有人的地方，才有救援。
身為野生動物獸醫師，
我們在所有動態中，尋求生命的平衡交會，
持續守護這座——傷獸之島。

（圖為在南非草原上，保育人員替非洲水牛麻醉後做檢查。為了讓動物在麻醉過程中比較安穩，因此在牠雙眼蒙上白布，遮蔽視線及亮光。）

序幕

手術檯上的小黑熊

——野生動物的日常是無常

序幕

手術檯上的小黑熊
野生動物的日常是無常

躺在手術檯上的這隻尚未成年的臺灣黑熊是個小女生——臺灣黑熊是一級保育類動物，全臺灣的數量估算僅剩兩百至六百頭。

三天前，牠在山林中被人發現受困陷阱，地方主管機關會同我們「野灣野生動物保育協會」的醫療團隊一同上山救援。

抵達現場時，看到牠被「套索」陷阱套住的手掌已然發黑、腐爛，還有很多肥美的蛆在啃蝕著爛肉，原應是堅實的手掌，變得像是過期很久的爛掉布丁。

套索是個不起眼的陷阱，如今卻是臺灣黑熊最主要的傷病原因。當動物踩到陷阱後觸發，套索會緊緊地套住踩入陷阱的那隻腳，越拉扯便套得越緊，造成血液不循環，皮膚、肌肉、韌帶、神經等所有組織都被緊緊壓迫，逐漸壞死……

一旦壞死，只有截除一途。[1]

沒有血流的腐肉，令人不安

為免引起併發症，當天赴現場的同事直接將爛手切除了，然而那沒有血流的腐肉，令人感到不安。

我們這天的手術目的是要截去更多受感染壞死的肢體。可是在X光下，發現受

1. 以往採用截肢的方式，因為手術的需求，往往會截掉比實際傷勢更長一段的肢體，如此一來，短少的肢體就更多了。後來逐漸改變醫療策略，抵達救援現場的第一時間，先為腫脹的肢體進行筋膜切開術，先讓組織內的細胞有空間，釋放被壓迫的組織。回院後的前幾天，密切地觀察傷勢的變化，逐步地去除壞死的組織，讓健康的組織逐漸長回來。功能或許沒有原本的肢體靈活，但至少長度沒有減少太多，在行動上還能夠達到良好的輔助。

感染的部分比外觀所見還要嚴重：受損區域蔓延到手肘的位置，而最快速也最保險的方式是把肘關節以下全部截除。

但是對於一頭野生的黑熊來說，截到肘關節等同於只剩下一隻手，可能會嚴重影響到牠未來的生存機會。

面對這樣的傷勢，我們決定保留更多的肢體，透過切除部分壞死組織的術式，讓小黑熊可以留下較長的前肢，畢竟牠才初出社會，未來還有很長的路要走。

除了套索的傷勢之外，小黑熊的身體狀況也不樂觀，全身性的感染、重度脫水且消瘦。依大概的年紀估算，一歲半左右，原本該是四十公斤的體型，從陷阱被救出時，卻只有三十四公斤。

保手計畫越來越渺茫

整場清創手術必須跟時間賽跑，因為越長的麻醉時間，只會讓小黑熊所冒的風險越大。但我們都知道像這樣的手術至少三個小時跑不掉，於是由我和另一位資深獸醫師共同處理，希望能夠縮短手術的時間。

只不過，當我們從皮膚、肌肉一層層地劃開，膿汁卻不斷地從肌肉束之間冒出來。越往內劃，看到的不是鮮紅的肉，而是一塊塊黃白色的壞死肌肉，占去了前臂的大部分。

小黑熊的保手計畫，眼看越來越渺茫……

死神在手術房穿梭

時間一分一秒地過去，麻醉時間剛過一小時，小黑熊突然沒有自主呼吸了，我們趕緊改由機器加壓給予呼吸。再過第二個小時，牠的心跳速率緩緩下降，從原本的一分鐘六十幾下，降到四十七、四十六……

就在我埋頭持續清理壞死組織的同時，生理監視器原該有的「嗶嗶」聲突然一片靜默。多年手術中的聽力直覺讓我猛一抬頭，問：「現在心跳多少？」

負責麻醉的獸醫師連忙使用聽診器，緊接著大聲回答：「沒有心跳！」

我立刻拋下手術器械，衝到手術檯的對側為牠施行心肺復甦術。其他獸醫師開始抽急救藥物，同時交代助理去叫更多人來接手做ＣＰＲ。

大家輪流為小黑熊按壓胸廓，每三分鐘給予急救藥物。只是第一個、第二個、第三個三分鐘很快地過去了，小黑熊卻仍不見自發的心跳。急救到二十分鐘，給了七輪的急救藥物，我向大家指示：「這是最後一輪急救，如果沒有機會，請大家停手。」現場除了規律的按壓聲之外，沒有任何一個人回應。

最後一輪急救藥物給予三分鐘後，我深吸一口氣，為了忍住淚水，鼻梁一陣痠痛。靜默的診療室裡，只有我的聲音：

「停止吧。」

突然有位同仁伸手按著小黑熊的脈搏說：「好像有輕微顫動！」另一位同仁連忙望向我問：「我去借AED（自動體外心臟電擊去顫器）好嗎？」我立刻回應：「好。其他人繼續按！」

快腳同仁不到一分鐘就抱著AED回來了，開啟機器並貼上貼片後，我們跟隨著AED的指示操作，準備開始電擊。大家停手等待著，儘管這臺是人用的AED，

但這是我們最後的希望了。

沒想到一秒鐘後，ＡＥＤ卻指示貼片沒辦法完全接觸皮膚，無法電擊——雖然貼片處已經剃毛，但人用的ＡＥＤ敏感度較高，在難以完全貼合的情況下，無法強制執行電擊。死神彷彿在手術房的每個人之間來回穿梭。

放棄了ＡＥＤ，卻沒有人要放棄小熊，無人喊停的情況下，我們又再努力了二十分鐘……正當大家筋疲力盡的時候，突然看到小熊的胸廓有跳動的起伏！

我一把抓起聽診器確認：「有自發的心跳了！」大家一陣歡呼。

無奈的是，我很清楚這其實是空歡喜一場——小熊的心跳不規律、心音異常，沒有其他的神經反射，並且肌肉僵直。我感覺到此刻死神正站在小熊身旁，對著我說：「我要帶走牠了。」

我知道，最後的壞消息仍得由我來宣布：

「我們放棄吧……」

這個事實，大家其實都知道，卻不忍面對。

牠在生命的最後，是不是極度害怕？

麻醉獸醫師關掉麻醉機和生理監視器，剩下監測心跳的血氧機在滴滴作響。有人忙著收拾、有人協助獸醫、有人去聯繫主管機關，而我在手術檯旁，看著小黑熊的手。

為了確保急救一旦成功，我們可以立即順利地讓牠進到熊籠內，避免人員發生危險，所以在整個急救的過程中，另一名資深獸醫師仍然繼續在為牠進行手術，因為不能讓牠掛著未完成的手術醒來。現在確定失去牠了，我才有時間好好地看看牠——不知道究竟被卡在陷阱上多少天，那隻被截斷的手和身軀都顯得異常瘦小，原本該是渾厚的背肌、飽滿的臀肌，都因為陷阱而消失。

消瘦的牠，耳朵顯得很大，配上那已經失去靈魂的眼睛……我不禁覺得陷阱彷彿在嘲笑我們。

血氧機的滴滴聲停止了。

不曉得牠在生命的最後，是不是極度害怕？

一場最無奈的敗仗

看著那雙眼睛，我莫名地感到生氣，氣這個社會為什麼有套索陷阱，氣為什麼沒有人早點發現牠，氣自己為何沒能早點完成手術……

慢慢地又轉變成無奈，**似乎我們不管做了什麼努力，都沒能還給這片土地一個健康的生態。所謂的「One Health」健康一體，只是人類安慰自己的口號。**

收拾好敗仗的戰場後，大家決定點飲料，雖然沒有人露出沮喪的反應，但這次點全糖的人數明顯增加。

還有人忙著為小黑熊做形質測量——這是每當動物死去，我們緊接著要進行的工作。透過記錄小熊身體各個部位的尺寸，讓我們能更進一步地認識野外的牠們。測量完後，將小熊裝袋，等待被運送往臺灣北端的農業部獸醫研究所進行後續的屍體解剖。

整個過程中，沒有人落淚。野生動物的日常是無常，看來已經隨著醫院的氣息，吸入每個人的血液中。

常遇到採訪的記者或是聽講座的民眾發問：「你們怎麼有辦法承受這些生命的殞落？怎麼有辦法面對這些動物的慘狀？」

我想，我們只是不想把這些珍貴的時間拿去抒發情緒。因為就算死亡，也還有好多細節等著我們去發現；因為野生動物的資訊太少，而我們想知道的太多……

因為**下一隻動物不會等你**。

你的家鄉，由我們繼續努力

這天正好是中元普渡，供品桌上除了擺放普渡時常見的水果、零食、飲料，我們都會放上動物用的奶粉、乾糧與營養品等供品。人手一香，我帶領著大家進行祭拜。

「普道公、辛苦的好兄弟，信士準備供品、金紙請你們領受，保佑合境平安。」

拿著香，我繼續在心中默念：

「謝謝你們今天帶走小黑熊，解除牠的痛苦。**牠的家鄉，就由我們繼續努力。**」

PART 1 跟動物搏命

我為什麼當野生動物獸醫師

最初的保育啟蒙

踏入野生動物救傷領域多年，每當為了野生動物在大太陽底下揮汗的時候，我總會想起奶奶的話：「漂漂亮亮的一個女生，為什麼喜歡和這些動物混在一起呢？」

我從很小的時候就立志要成為獸醫師，但其實自己也沒有料到後來會走上「野生動物獸醫師」這條路。

把我推向獸醫之路的狗

對動物很感興趣，我想是與生俱來的個性。小時候養過一隻名叫白雪的白文鳥，無論我在家裡的任何地方，只要一吹口哨，牠都有辦法立刻飛到我手上。還有一隻叫旺來的月輪鸚鵡，養了一陣子才發現牠是母的，而且很愛我爸爸。我們恍然大悟，難怪只要媽媽一出現在牠的領地便慘遭猛烈攻擊，原來牠視我媽為情敵。其他從小白鼠、魚、寄居蟹、蠶寶寶到小雞等，都曾經在我的兒童時期短暫出現。

八歲時，把我推向獸醫之路的那隻狗出現了。爸爸帶回一隻從路邊撿回的白色貴賓狗，醫師檢查得知三、四歲的牠體重只有兩公斤，可能是因為在外遊蕩了一陣子，大大的頭，配上一具非常削瘦的身體。我們為牠取名叫吉利。

我每天放學回家，快到家的巷口時，遠遠地便看到奶奶帶著吉利出來散步。我一喊：「吉利～」牠就以最快的速度飛奔來到我身邊。吉利最喜歡膩著我。

牠生病時，我便跟著爸媽帶牠上獸醫院。在一旁觀看著醫師從容地問診、量肛溫、做檢查等，加上回家餵藥後，病情都會好轉，讓我開始對「獸醫」這個職業產生好奇。

不過狗的壽命比人短，老去的速度快得令人感傷，最後促使我下定決心念獸醫系，其實也包含了想要為吉利做些什麼的心意。只不過獸醫之路並不順遂，升大學的第一年落榜，第二年重考時，填了三所獸醫系及一所工業設計系，偏偏錄取了工業設計系。我無奈地心想，或許自己真的跟獸醫系無緣吧，於是不再堅持。

然而眼看著吉利逐漸衰老，我發現心裡還是無法真的放棄獸醫領域。大二時，毅然決定考轉學考，總算順利地轉入屏東的獸醫系。

我想成為真正能幫助動物的獸醫師

雖然我努力地朝著獸醫之路前進，但吉利生命的衰落不會等我。

念獸醫系的第一年，吉利十六歲。牠的腦部一直有不正常放電的情況，後來越

來越惡化，最後變得不認得自己的名字，似乎也不認得我們。每天為了照顧牠，我爸媽也無法好好睡覺。

我們討論過無數次是不是該讓牠舒服地離開，不要再受苦。看著牠好像靈魂已經不在身體裡似的走著，牠是不是也很難過？但始終沒有人有勇氣帶牠去安樂死。放假回家時，我常常對吉利說：「如果你的時間到了，不要擔心我們，你就安心地走……」

大二時的二二八連假，留在學校的我一起床就接到家裡的電話。爸爸說：「我們還是帶吉利去獸醫院安樂死了，一切已經結束……」

那是我第一次、也是至今唯一一次哭到沒辦法講話，當時真的感覺到心好痛！沒機會好好地和吉利說再見是我心裡很大的遺憾，直到現在，我的皮夾裡還放著十歲時和牠的一張合照。

因為吉利，我想成為一名獸醫師。因為吉利的離開，我想成為真正能夠幫助到動物的獸醫師。

野生動物救傷的啟發

念獸醫系期間，大部分同學傾向日後從事犬、貓醫療領域。但我認為犬、貓的市場大，將來要投入相關產業比較容易，為了讓自己的能力範圍更寬廣，便將重心放在犬、貓以外的動物上，例如實習時不找一般的獸醫院，而是選擇一家馬場去照顧馬。畢業後便進入私人動物園工作，正式展開與野生動物的緣分。

園區內大多是從國外進口的野生動物，靈長類區卻有一群為數不少的臺灣獼猴，這引起我的好奇。我問保育員：「靈長類的種類這麼多，為什麼我們會飼養一群臺灣獼猴？」

「這一群是過往救傷進來的臺灣獼猴，政府沒有明確的指示，我們也不知道能不能野放，就陸陸續續養下來了，」保育員說：「這一養就養了十幾年，猴群陣容越來越龐大。」

不過由於獼猴的數量實在是過多，園區的收容空間已不足，經過與地方政府協商，終於將這群獼猴帶去山區野放。

野放當天，我們駛進深山，一直開到車輛無法再前進的地方，將十幾個籠子面向森林，一打開籠門，獼猴們便迅速地奔出，立即消失在森林裡。

這是我頭一次參與野放。回程路上，我不斷地思考：**被人餵養了十幾年，牠們知道要在森林裡面找什麼食物嗎？離開家那麼久，牠們認識在地的獼猴嗎？牠們會懂得要躲避人類嗎？**

好多疑問如同獼猴飛快的身影湧出。

那時因臺灣能查到的資料有限，我開始搜尋國際上與「野生動物救傷」有關的資訊，第一次認識了「Wildlife rehabilitation」這個職業。字面上的意思是「野生動物復健」，但內容包括醫療、照護、野放訓練、野放及安樂死等，如何正確地幫助因傷病入院的野生動物再度回到家鄉的程序。

我想或許是受到獼猴們飛奔離去的背影吸引吧，那是除了自由之外，身為野生動物該有的樣貌。而不是被限制在人為環境中生活，即使再美也終究是人造。

這應該是**最基本的生存方式，對於某些動物來說，卻是最奢侈的事。**

尋求生命的平衡交會

我開始對野生動物救傷這個領域感興趣，申請至美國明尼蘇達州的野生動物復健中心進行短期訓練。短短一個月，卻讓我真正了解如何從「保育」的角度來決定動物的治療策略，並深植在我的心中。

舉例來說：面對感染了寄生蟲而出現神經症狀的野兔，獸醫師考量野兔的數量龐大、治療的預後不佳，加上有傳染可能性，因此只要是有類似臨床症狀的野兔，就會進行安樂死。

身為獸醫師除了救生，也身兼保育之責。考量因素還包括組織運作的整體資源，與其糾結在將每一個病例治好，更應該著眼大局，把資源放在康復機率高的動物身上；但只要動物有康復的可能，便會仔細地擬定不同物種的野放策略。例如過境的黑嘴天鵝，就算牠們康復了，仍須等待同伴經過時再野放，才能讓牠們趕上族群，避免單獨在外迷路而增加遇上危險的可能。

這種種努力都是為了讓重新回到家鄉的動物能夠做足準備，面對嚴峻的野外環境。

而這樣的物種延續，也會為我們維持這片土地的平衡，讓人類能夠有好的環境生存。不只是為了我們，也為了我們之後的每一代。

野生動物保育不追求零疾病、零利用、零介入，而是在所有的動態中找尋平衡，甚至就連平衡本身都是動態的存在。

全臺灣到底要多少黑熊或石虎才夠？沒有人有標準答案。但是讓給牠們多一點點生存空間，也許下一次的天災不會有那麼嚴重的土石流或淹水。這就是一次平衡的交會，無論用於保育或是個人的生命哲學上，我認為都非常適合。

或許正是「野生動物獸醫師」這份行業讓我找到人生的平衡，才能夠在這個交會點上持續地努力。

神獸寶寶（一）

那年夏天，我照顧了二十幾頭小獅子

我最喜愛的物種

野生動物獸醫師的日常，雖然不像白雪公主身邊常有可愛的小動物圍繞；相反地，每天不是流汗、就是流血。但我們的確比一般人更有機會接近神獸中的神獸。

如果是神獸生的幼獸，那就更令人羨慕和嫉妒了！

小菜鳥遇上大獅子

從獸醫系畢業後，我進入私人動物園工作。這裡是全臺灣飼養最多獅子的地方，而牠們正是我負責醫療照護的對象。

我太激動了，因為《獅子王》是我最愛的動畫之一。永遠記得十歲時第一次看到影片開場，一大群動物在廣大草原上圍繞著獅子王，伴隨著雄壯開闊的主題曲，我小小的心臟不停跳動，那一刻的感動像煙火般在我心中迸發！

第一次進獅舍，我繞著籠舍走，一雙雙眼睛先是好奇地盯著我看，接著有些獅子別過頭去，有些想湊近來聞聞我。獅子們彼此摩擦臉頰，發出低鳴，好像在說：「欸，又來了個菜鳥。」

園區內有些大獅子是保育員餵奶餵大的，所以特別親人，會跑到籠子邊討摸，像隻大貓咪一樣。這時，有頭公獅緩緩地走向我，用臉和身體摩擦著籠子邊，我心想也太可愛了吧！於是把臉湊近想看個清楚。說時遲那時快，牠順勢轉身，朝著籠外的我噴了一身尿！根本是故意欺負我這個菜鳥！

獅尿是什麼味道呢？可以試著把貓尿的臭味乘以十，再加上些許狗大便的氣味，差不多就是那麼臭。

獅子寶寶聞起來有奶娃味

有天，負責掌管獅子區的保育員大哥拎來兩隻土黃色的小生物，我定睛一看——是兩頭獅寶寶啊！原來初次生育的獅媽媽不知道如何照顧小孩，生完就不管了，大哥觀察多時，決定帶出來請獸醫照顧。

看著兩隻小肉球，只有興奮能形容。剛出生的幼獅只有兩公斤左右，眼睛和耳朵都還沒有打開，小小的肉墊是粉紅色的，好嫩好嫩。而且寶寶身上還沒有所謂的「獅子味」（淡淡的獅尿味），只有小嬰兒的奶香味，現在流行吸貓，我在十幾年前就吸了好多大貓。

第一次嘗試餵奶時，由於我們彼此都沒經驗而折騰了很久，幼獅們餓得哎哎叫——那個叫聲真的是「哎！哎！哎！哎！」好不容易抓到吸奶的訣竅後，不用一分鐘便喝光了。

我心想，這下總算可以安靜睡覺了吧。怎料兩小時後，一頭餓得哭醒，另一頭也跟著哭——我突然同情起雙胞胎的父母了。如此每兩個小時醒一次，餵奶流程便重新進行一輪……

眼看下班時間到了，但身為媽媽是沒有下班的，於是我帶了兩頭獅子寶寶回家照顧。

獅子的動物導師是狗

母獅子通常一次生兩胎，少數會生三胎。雖然牠們終年都有發情期，但是根據氣候、獵物的多寡，生產季集中在春、夏兩季。另外也與獅王的更替有關，如果有新的獅王上位，便會出現一波繁殖潮。

據觀察，即使是園區圈養的獅子，每兩到三年也有一波繁殖潮出現，於是某年的幼獅只有個位數，隔一、兩年卻會多到十幾、二十頭。

幼獅的數量在十頭以內時，我還覺得「哇~好可愛」！但是當超過十頭、甚至二十頭，只讓人驚嚇得說不出話。

一年夏天，保育員每隔幾天就從獅舍拎出一窩一窩的幼獅。剛開始我們還興奮地一一取名字：頭兩隻是阿胖和阿瘦，接著是小黑、小白、小女生……最後因為實在太多隻了，宣告放棄。

剛好這年生產的都是新手媽媽，照顧小孩的意願不高，所以全交由人工餵養。我們參考貓咪的資料，小獅子兩個月大開始冒牙齒時，需要轉為吃固體食物。對於從小用奶瓶喝奶的小朋友們，先讓牠們熟悉生肉的味道，再循序漸進地給牠們吃盛在盤子裡的絞肉。

原以為如此萬無一失，沒想到牠們碰也不碰盤中的肉，只是天真地望著我。有位同事突發奇想，乾脆趴到盤子前面親自示範「獅子吃肉」給小獅子們看。當然這一招完全沒用。

正當我們束手無策時，園區內的小白狗在一旁就著自己的碗吃起飼料。神奇的事情發生了！看到小白狗的動作，有頭小獅子竟有樣學樣地吃起盤中肉，接著其他小獅子也吃了起來。真是謝謝小白狗！

此後，暫居園區等待被認養的這些狗兒成了小獅子們的導師，舉凡進食、咬骨頭、奔跑、跨越障礙物等，都倚賴這些動物導師的教導。

回想起曾在某本野生動物原文書裡讀到：獅子的動物導師是狗。**比起我們這群愚蠢的人類，動物之間自有牠們共同的溝通語言。**

讓獅子吃得像一頭獅子

有天，我們注意到獅子小黑走路的姿態有點怪，歪來歪去的不平衡，加上背部有一塊不明的隆起，便趕緊為牠進行詳盡檢查。X光顯示牠的腰椎骨折了，壓迫到周邊神經造成後肢無力，並且股骨（俗稱的大腿骨）皮質層非常薄。

由於沒有證據顯示小黑曾遭受任何外界撞擊，因此我判斷是因為食物中的鈣磷比不均衡，導致體內鈣質不足，身體便長期從骨骼中提取鈣到血液中利用。這是圈養的野生動物典型的疾病：「營養繼發性高副甲狀腺症」，病患容易因為一些日常動作導致骨折。

小黑腰椎骨折，小白則是跛腳，這不是單純的巧合。為所有小獅子做檢查後，發現大家都有類似的狀況。

我回頭檢視飼養管理的內容，並且查找野生獅子的生長模式，希望能找出蛛絲馬跡。

獅子的生長速度很快，從剛出生兩公斤長到成年時破百公斤，因此幼年期的營養至關重要。野外的獅子到六個月大才斷奶，十六個月大完全獨立，骨頭會持續生長到六歲。而我們在園區的照養，幼獅出生時喝富含鈣質的配方奶，從兩個月大開始轉換副食品後，就逐漸轉為肉類食物，變成鈣少磷多，長期下來，骨頭變得越來越脆弱，很容易走著走著就斷了。我再回溯自己到職前的幼獅病例，也發現多例跛行的狀況。

原來小獅子們成了人類圈養之下，營養失衡的受害者。

從此我們全面修改飼養方式，比照野外可能遇到的狀況，讓獅子吃得像一頭獅子，而不是一隻貓。

透過飼養管理的改善，小白的跛腳復原了，小黑的腰椎骨折雖然無法修復，但

骨頭長好，走路也穩健了。

往後的新生小獅子再也沒有發生類似的狀況。

面對死亡的無力回天，我學會敬畏生命

小獅子的成長速度很快，將近半年就可以長到五、六十公斤重。每天幫牠們打掃環境時，我都必須戴上長長的皮手套才不至於被「玩」到見血，最高紀錄在雙腿上曾有五十幾個瘀青。

年紀還小時，牠們住在我的診療室，天天見面。等牠們長大到完全吃肉類，體型也太大了，便要帶牠們回到獅舍。

我第一批飼養的三胞胎小黑、小白和小女生（這個小女生，後來發現其實是男生，可見我當時多菜），牠們是我最掛心的三頭小獅子。剛回到獅舍時，我每天下班前都會去看牠們，但隨著工作越來越忙，探望的次數越來越少。

一年後的某天，保育員告訴我：「小女生最近食欲不好，體型也很瘦，好像有

點問題。」

來到獅舍一看，我大吃一驚：這是我養大的小女生嗎？怎麼會瘦成這樣？入院檢查後發現竟然是腎衰竭，整體狀況極差，就算每天治療也毫無起色。最後牠虛弱到不需要籠子的限制，直接趴在診療室的地上，讓我為牠打針。

眼見病情一天天加重，我和其他獸醫師卻都找不出這頭年輕獅子患腎衰竭的原因。同事心疼地摸著牠的頭說：「好可憐，你辛苦了……」

坐在旁邊的我無能為力，感到心上被一塊大石頭壓著。

病發不到兩週的某天下午，我在診療室持續翻找著文獻、教科書，除了繼續找方法，我不知道還能為牠做什麼。一旁，小女生趴在地板上，保持著獅子的優雅，卻雙眼無神地盯著前方。

沒想到那是我和牠的最後一面。

隔天當我上班時，打開診療室的門，看見牠冰冷的遺體依舊趴在診療室的地板上，雙眼雖然沒有閉上，只是這次真的是失了神。

我忍不住自問：若結果註定如此，我是不是應該提早送牠離開，至少讓牠減少幾天痛苦的時間？對牠而言，就只是像睡著了一樣。

獅子一直是我心中最重要的動物，牠們帶我踏入野生動物的世界，也教會我對於生命的尊重。

我們拚了命找尋治療方法的同時，也必不可忘記要減緩疾病所帶來的苦痛——無論是身體上的痛、心理上的痛、患者的痛或是照顧者的痛。

小女生，謝謝你。

神獸寶寶（二）

第一次當犀牛保母就上手

最菜、卻也最溫馨的片刻

「呼叫獸醫！呼叫獸醫！」剛從學校畢業的菜鳥獸醫師我，每當聽到無線電呼叫都一陣背脊發涼。我穿著寬鬆的刷手服和卡其長褲，剛刷完住院病房的籠舍，因為沒掌握好水柱強度而噴得一身屎，這時狼狽地接起無線電說：「回答！」無線電那一頭的保育員大哥語帶興奮地說：「犀牛要生小孩了！」

我一聽，激動得顧不得清理自己，三步併兩步地跳上公務車開向園區，滿心期待能親眼目睹犀牛生小孩的那一刻。

到了現場，只見犀牛媽媽蜷臥在地上，短短的尾巴下方掛著一袋水球。保育員協助清空場地，不讓其他犀牛來打擾。園內大部分的保育員都像我一樣趕到現場來迎接新生命，我們遠遠地拿著望遠鏡觀看，祈禱犀牛媽媽不要難產。

沒經驗的新手媽媽

時間一分一秒過去，犀牛媽媽突然開始用力，幾次之後，一坨濕濕滑滑的大水球滑了出來。犀牛媽媽生完後，立刻起身嗅聞寶寶，並以吻部摩擦小犀牛，讓包著寶寶的胎膜破掉。小犀牛吸了第一口氣，掙扎著站立卻滑倒，經過幾番努力嘗試才終於成功地站起來，依偎著媽媽想要找奶喝。

但令大家傻眼的是——犀牛媽媽竟然自顧自地走去旁邊吃草！

保育員見狀，趕緊將母子倆趕進後場[2]，想讓牠們獨處以培養感情，卻見小犀

2.在動物園，遊客看到動物的地方是展場（前場）；讓動物休息，不用看人類的地方稱為「後場」。

牛一心討奶喝，但媽媽左閃右躲就是不給喝……

我們研判身為新手媽媽的牠可能是不清楚要怎麼照顧小孩，這下子，哺育小犀牛的重大任務便落在我們人類身上了。

誰會餵小犀牛喝奶?!

所有動物在小時候都很可愛，眼睛大大的、毛茸茸的、身子軟軟的。但是小犀牛呢？剛出生時不多不少，剛好五十公斤，小小眼睛在頭的兩側，全身都是又硬又厚的皮，有毛的地方也都是又粗又短。

這樣的幼獸可愛嗎？我覺得挺適合套這句臺語來形容：「歹歹啊水啦。」（醜美醜美的。）

首次嘗試人工餵奶時，我先將手伸到小犀牛的嘴唇前試試看牠會不會吸吮，以免牠被奶嗆到。沒想到這個巨大的「嬰兒」實在太餓了，吸吮的力道之大，害我差點要不回我的手！

人工餵奶——這是犀牛寶寶的第一次，也是我們所有獸醫師和保育員餵小犀牛的第一次。由於寶寶從出生到現在都還沒喝到奶，我們趕緊分頭進行任務，有人查找文獻和書，並打電話徵詢其他單位，還有人衝去買奶粉，務須在最短時間內決定配方奶的內容，好泡給寶寶喝。

五十公斤的犀牛寶寶用的是兩公升的牛用奶瓶。一開始，牠一直對不到奶嘴，但又嚐到擠出來的配方奶，眼見牠實在餓急了，我們只好一人穩住牠的頭、一人負責塞奶嘴，總算幫助牠的嘴巴好好地對上奶瓶，一瓶兩公升的奶不到三十秒就解決了。

眾人這才放下心來，七嘴八舌地討論取名。這是個出生在泥巴裡的小女生，於是我們決定：「就叫牠妮妮吧。」

為了確認妮妮每餐喝的分量到底夠不夠，以免營養不良或是過胖，我們一方面要像照顧人類的小嬰兒一樣，特別注意觀察糞便的型態，確認營養吸收狀況正常；另一方面，每天都需要嚴格地為牠測量體重。

不過，磅秤對妮妮而言是個奇怪的東西，牠怎麼樣都不願意好好地站在上面幾秒，或是前腳上去了，後腳卻怎麼推都不動如山。要知道，犀牛寶寶可是很有分量的。

後來還是保育員想了個好方法：每天第一餐固定在磅秤上餵奶，用奶瓶吸引牠站上磅秤，確定四隻腳都在磅秤上後，再趁著牠喝奶的時候，從容地量體重。

令我們這些養父母感到欣慰的是，妮妮的體重每天穩定上升，到了滿月時，已多了三十四公斤。

八十四公斤，還是脆弱的小寶寶

小犀牛就像所有的幼年動物一樣，半夜也會醒來討奶喝。

為了顧及照顧者的睡眠品質，我們通常會與幼年動物睡在同一個房間或是隔壁，才不用半夜得特地開車來餵奶。但是小犀牛的體型太大了，只能住在水泥籠舍內，人不適合睡，所以負責餵奶的我得每天半夜從家裡開車到園區熱奶（最高紀錄要喝到十二瓶），再載著二十五公斤的奶至籠舍，餵牠喝完……回家後，我也根本不用睡了。因此有時候，我顧不了適不適合人住，乾脆陪著妮妮在獸舍裡睡覺。

剛喝完奶的妮妮就像剛喝飽的嬰兒一樣會飽睏，也像嬰兒剛喝完奶時，要幫牠拍

拍背，讓牠能夠打嗝。打了一個飽嗝後，身心舒暢的妮妮枕在我的大腿上睡著了。這時候的牠摸起來雖然硬硬的，但就像抱著一隻大貓，有點傲嬌，也有點撒嬌。

一身厚皮的妮妮看似很強壯，其實還是個寶寶，小寶寶最怕拉肚子了。有一次，妮妮突然連續拉肚子好幾天，我們推斷可能是因為對配方奶不適應，或是調配過程受到汙染。見牠拉肚子拉得站不起身，我們趕緊幫牠上點滴，並且重新檢視奶的調配過程，再搭配藥物控制才慢慢減緩症狀，一天一天地好起來。

我可是鬆了一大口氣，因為有些草食動物的腸胃道問題很難處理，而有一種解決辦法是——「吃大便」。吃其他健康草食獸（最好是同種）的糞便，連帶地將好的菌叢吃下肚，重新建立腸胃道內的平衡，才有辦法恢復正常的消化功能。聽起來匪夷所思，卻是一個有效的方法。

幸好，妮妮這次以藥物就控制住病情了，不需要把其他犀牛的糞便加入奶中喝。否則以牠的脾氣，要牠喝下這瓶「大便奶」，肯定需要一場奮戰。

恢復健康後，一天，牠又躺在我的大腿上睡著了。看著牠的臉龐，我疼惜地想著：「你真的只是長得比較強壯，其實還是個脆弱的baby啊！」

動物永遠不會照你說的做

那年，有一部偶像劇在園區開拍，妮妮也上場客串。那一幕的劇情是飾演保育員的男主角餵牠喝奶時，圍裙衣角不小心沾到奶，妮妮聞一聞後，把圍裙扯了下來。

導演問我：「你能不能讓小犀牛把圍裙扯下來？或者至少輕咬到圍裙？」

於是整個下午，我都在努力地嘗試讓牠願意靠近圍裙，但人來瘋的犀牛寶寶興奮地在現場跑來跑去，一點都沒有要配合的意思。眼見牠實在不受控，劇組最後只好決定用剪輯的方式呈現。

導演傷透腦筋，妮妮卻是開心了一下午。

只能說**動物永遠都不會按牌理出牌。你越想要牠做什麼，牠越不會照做！**

牠知道自己是一頭犀牛嗎？

一頭小犀牛從出生時的五十公斤要長到一噸半至兩噸的成年體重，生長的速度可是很快的。一般小動物是幾克、幾克地長，妮妮卻都是幾公斤地增加。到了調皮的兩、三個月大時，體重已逼近上百公斤，但牠仍像小寶寶時一看到人總想衝過來玩。只是跑步速度飛快的牠時常來不及煞車，我們簡直被當成人形肉墊，一旦來不及閃開，就被牠撞得東倒西歪。

也因此，雖然牠年紀還小，但是為了避免牠無心傷到人，還是到了必須把牠隔在籠舍裡的那一天。更何況未來牠需要跟著園區內的其他犀牛一起生活，是時候讓從小被人類圍繞的牠「知道」自己是一頭犀牛了——這一切就要從讓牠斷奶，學著「吃草」開始。

起先，我們放了幾根乾草在牠嘴裡，果不其然，統統被牠吐掉。接著換了比較香的苜蓿草塊，雖然這對於大部分的草食動物是適口性較佳的選擇，但妮妮一點都沒興趣。畢竟與媽媽分離的牠從出生到現在只認得奶，其他一概不認識，不像從小跟著媽媽的犀牛小孩，從很小時就會撿拾媽媽嘴邊掉出來、比較短的草，學習如何啃咬和咀嚼。

一頭上百公斤的兒童不好好吃飯，真是令人非常頭大。我們只有轉而逐漸減少奶量，希望牠肚子餓了會試著自己吃草。同時也讓牠看到其他犀牛是怎麼吃草的，藉由向同類學習，總算慢慢地幫助牠轉換成吃固體草料。

斷奶期間，我每天都去看妮妮吃得如何。牠一見到我，還是像小時候一樣哼哼哼地找我討奶喝──雖然很可愛，但為了你的健康著想，我是不能再餵你喝奶的！

神獸的傳承

很令人欣慰的是，後來妮妮成功地跟著園區裡的大犀牛一起生活，並且在九歲時生下第一個寶寶，很盡責地擔起全職媽媽的責任。

小寶寶滿月時是八十六公斤，也像妮妮滿月時一樣頭好壯壯。看著妮妮把我們以前所教的也教給牠的寶寶，身為養父母的我們感到非常驕傲。

妮妮大約十一歲時，我回到園區看她。雖然每頭犀牛長得都一樣，但當牠凝視著我，那溫柔的眼神，就像小時候躺在我腿上時一樣。

妮妮，知道你過得很好，對我來說就是最好的消息。

神獸寶寶（三）

親愛的紅毛猩猩寶寶

「紅毛味」是最香的氣味

身為人母，說到帶小孩，我肯定在獸醫工作就先實習了一輪。

在動物園工作期間，照料過各式各樣的新手媽媽，像是長頸鹿媽媽、犀牛媽媽、獼猴媽媽等，我得仔細地觀察媽媽有沒有給寶寶喝奶、小孩有沒有被媽媽晾在一邊、媽媽的動作有沒有太粗暴……每到動物繁殖的春夏，各種「親子難題」便一一浮現。

其中最令我難以忘懷，也影響我最深的就是紅毛猩猩。

其實我原本對紅毛猩猩沒有什麼好感：長得不可愛，身形又壯大，人類難以靠近——要知道，紅毛猩猩的力氣足以一隻抵六名壯漢。全身長長的紅毛拖在地上，又是打結，又是沾到髒東西。加上只要一進到紅毛猩猩的籠舍就聞到一股「紅毛味」，那是種有點潮濕、有點像水果的酸味，再摻和了不太臭的糞便味道，我就算閉著眼睛都可以嗅出。

突然蹦出一個小孩

「呼叫獸醫，呼叫獸醫！麻煩來紅毛籠舍一趟，謝謝。」

這天，嚇人的無線電呼叫響起。還是菜鳥的我忐忑不安地前去，心想：究竟是什麼樣的狀況？我要先準備什麼東西？為什麼不在無線電裡講清楚？

進到紅毛籠舍，順著保育員的聲音走向最後一間，只見一隻母紅毛猩猩蜷臥在水泥床上，懷中抱著一個面紙盒大小的紅色毛球……

「牠生了嗎？」我狐疑地問保育員。

二〇一〇年左右的照養紀錄還沒有做得很完善，許多動物的生理徵兆未能被仔細注意到，像是何時開始發情、何時出現交配動作、食欲或體型是否有改變等等，所以突然蹦出一個小孩，我們所有人的表情就像眼前這位新手媽媽一樣錯愕。

雖然紅毛媽媽盡責地抱著小紅毛，不過沒有見到牠餵奶。為了讓牠熟悉有小孩的感覺，我們並未在第一時間介入，而是花了兩天觀察：第一天，媽媽的確很盡責地抱著寶寶，只在吃東西時放下牠；但是到了第二天，寶寶明顯出現精神不濟的樣子，而且媽媽乳頭附近的毛沒有吸吮的痕跡。

我們猜想或許真的是新手媽媽不知道要從何照顧。眼見再等下去，寶寶可能會出現低血糖、脫水等危及生命的情況，於是決定採用人工餵養的方式將牠奶大。保育員把媽媽放去外場，生產後就沒有到外面活動的牠一見門開了，立刻頭也不回地奔向陽光，將寶寶拋諸腦後。

媽媽的表態非常明顯了。

就像抱著人類的小寶寶

小紅毛是個小女孩，在十五號出生，於是取名叫「十五咩」。小小的紅毛猩猩有著像人一樣的五根手指頭、五根腳趾頭，小小的臉龐配上大大眼睛，真是惹人憐。牠身上的紅毛還沒有很長，像爆炸頭一樣外放，可愛極了。

十五咩寶寶餓了會吱吱叫，尿布濕了會吱吱叫，被放回床上也會吱吱叫。我們幫牠包上最小號的尿布，並準備嬰兒奶粉，因為紅毛猩猩的嘴巴和人類比較類似，所以乾脆用嬰兒奶瓶，而非犬、貓用的奶瓶。

幸好，第一餐很順利地幫牠餵完奶，接著我就像幫人類嬰兒拍飽嗝，讓十五咩呈現坐姿，手心呈碗狀輕輕地拍打背部，牠隨即送上一個飽嗝。

牠吃飽便睏了。由於紅毛猩猩在出生後就會抱著媽媽，所以我準備了一個比牠大一點的娃娃，讓牠可以安心地抱著入眠。

紅毛猩猩嬰兒就像人類的嬰兒一樣，一餐喝得不多，兩到三個小時就要喝一次奶，為了方便在夜裡餵奶，我下班時乾脆也把十五咩帶回家。

那段時期，我似乎永遠都睡不飽。我想當爸媽的都很熟悉吧：半夜餵飽奶之

後，我們大人很睏，但寶寶的精神卻很好，怎樣都不肯闔眼。而有些時候則是我和懷抱裡的牠一起睡著。

望著十五咩安詳的睡臉，實在令人憐惜不已。牠也像小嬰兒一樣，睡在人身上聽著心跳聲的時候最平靜。我真的有種錯覺，自己就像在抱著一個人類的小寶寶。

失去靈魂的十五咩

一段時間過去，十五咩每餐喝得越來越多，體重穩定上升。牠的視線焦距似乎越來越可以對焦在我的臉上，我也越來越了解牠的生活作息。我們倆每天一同上下班，看著牠熟睡的臉龐，我感到無論再累的工作也變得輕而易舉。

然而，意外總是來得讓人措手不及。

由於連續好幾天都半夜起床餵奶，有天我想趁休假時好好地補個眠，便將十五咩帶去公司託值班的同事照顧。怎料到了下午，竟傳來十五咩死亡的消息！

我萬萬想不透十五咩怎麼會突然死亡。在趕去公司的路上，腦海中不斷回溯平常照顧的過程、紀錄表裡的蛛絲馬跡……有哪個部分是我沒有注意到而導致牠死亡嗎？

到了公司，同事難過地說：「因為下午比較忙碌，我們沒辦法時時顧著十五咩，餵牠喝完奶後，就讓牠抱著娃娃，把牠放在保溫箱內，但在旁邊塞了幾卷毛巾以免牠從娃娃身上滑落。沒想到牠還是滑落下來……」

年幼的靈長類還沒有翻身或自行坐起來的能力，如果沒有趴在媽媽或娃娃身上，仰躺著的靈長類是會很驚恐的。十五咩從娃娃的身上滑下來後，無法翻身，緊張的牠溢奶出來，口腔中的奶又被氣管吸進去……

最後牠是被自己吐出的奶給嗆死了。

看著眼睛已經沒有靈魂的十五咩，同事在旁說明的聲音好像背景音一樣，我一個字都沒有聽進去。

早上還精神抖擻的十五咩，下午已經不會動了。

忘記是哪個前輩教的：「獸醫師不能哭，哭了會被飼主看低，就會失去獸醫師的尊嚴。」最後前輩還補一句：「尤其是女生！」

所以我一滴淚也沒有落，嘆口氣之後，對同事說：「我帶牠去解剖喔。」

我獨自一人在解剖室，將小小的身軀放上解剖檯，一刀一刀慢慢地劃開，看到了那個被奶填滿的氣管。

我想，或許十五咩本來就註定不會生存在這個世界上。死神自有祂的安排。

紅毛猩猩讀得懂你

自此以後，我有更多接觸紅毛猩猩的機會，對牠們也有更多了解，發現牠們的確很像人：智商像人，動作和表情也像人。

牠們四肢的肌肉無比發達，極少有皮下脂肪。我曾經在工作的單位看過一隻紅毛猩猩單手拖著水泥電線桿走，像極了要去打群架，手握著西瓜刀拖在地上走的幫派分子。

頭腦聰明的牠們也懂得分辨人類的好壞。曾遇過一隻被人類虐待過的紅毛猩猩，牠極度討厭人類，任何人都一樣。如果沒有鐵籠的隔閡，我想牠會把每個人都撕碎。

人類與動物其中一個最大的差異在於，人類讀得懂表情，但動物沒有表情。不過，紅毛猩猩總是讓我驚豔。

有一年的萬聖節，保育員帶著天狗面具，一一跑到各個籠舍想看看動物的反應。哺乳類動物沒有太大的反應；獼猴們雖然有點好奇，但也不覺得恐懼或驚嚇。最後我們來到紅毛猩猩的籠舍，天狗面具一出現，紅毛便嚇得齜牙咧嘴，接著連滾帶爬地跑走，直到保育員把面具拿掉後，牠才慢慢地靠近籠舍邊，還指著保育員手上的面具，一副厭惡的表情。

雖然嚇到牠很不好意思，但這也讓我們上了一課，原來紅毛猩猩是可以分別面容或表情的。

可惜沒能看到十五咩長大的樣子，但我很感謝牠帶我認識一個這麼美麗又充滿力量的物種。我再也不覺得「紅毛味」是令人討厭的味道。

仔細一聞，那其實是熱帶雨林的果香味。

世上最難醫治的動物

「最輕」與「最重」的病患

常有人問我：「你覺得什麼動物最難醫？」這可說是野生動物獸醫師的大哉問。我最直覺的反應是回答**「任何動物都很難醫」，因為牠們不會講話！**醫治有飼主的動物，還可以憑藉飼主的觀察得到一些蛛絲馬跡。但是野外的野生動物就醫，總是像醉漢一臉「我是誰？我在幹麼？我在哪裡？」一般茫然，甚至一看到人就想要逃走或衝撞。面對受傷的野生動物時，醫護人員往往冒著風險努力地想辦法找線索，好治療患者身上可能有的傷害。

野生動物獸醫師要面對上千種的物種是「難」，而上千種物種不會講話更是

「難上加難」。在這些困難之中，我認為體重「最輕」與「最重」的物種是最考驗獸醫師人體極限的醫療對象。

任何輕於二十克的動物，都很考驗獸醫師的眼力與雙手穩定度

・不是拇指公主，是「拇指蝙蝠」

這天來到診療檯的是一隻只有六克的東亞家蝠。六克的身體有多大？大約就是你比讚的那根大拇指的大小。

試想：把你的心、肝、脾、肺、腎、腸胃道、膀胱、腦袋瓜子……統統裝到大拇指裡面，全身該有的神經、血管一根也沒少。光要看清楚眼睛、鼻子和嘴巴在哪裡就夠吃力了，還得試圖幫牠把斷掉的指骨接回去！

這時候，什麼骨折的SOP都派不上用場……

理論上，在為骨折病患進行麻醉前，要先確認骨頭斷的方式及身體是否有其他

狀況。大部分的骨折是因為撞擊造成的，有可能體內還在出血，所以驗血是必要的過程，除了有助於釐清當下的身體狀況，也能提供後續麻醉期間需要特別注意的要點。但是驗血的血量至少要〇．一ＣＣ，一隻六克的蝙蝠最多只能抽〇．〇六ＣＣ的血液，因此「驗血」這一項先跳過。

通常我們會透過Ｘ光確認骨頭斷的型態。然而六克蝙蝠的指骨不到一公釐，就算拍了Ｘ光也看不清楚，所以「Ｘ光」的步驟也跳過。

手術是在麻醉的情況下進行，麻醉時，需要進行麻醉監控。然而什麼氣管插管、靜脈留置針、體溫計、血壓計、心電圖等等，統統都比蝙蝠本人還大，只能全部跳過、跳過、跳過！

最後，只剩下獸醫師我、都卜勒超音波儀器（可以聽心跳）、針頭（用來固定骨頭）與蝙蝠。

．獸醫師的創意無限

由於麻醉的管路根本和蝙蝠的臉差不多大，別想用麻醉面罩來罩住牠，那對於蝙蝠而言就像一個房間。怎麼辦呢？

我靈機一動發揮創意，將手套的一截指套去套在氣體麻醉管路上，再用剪刀剪一個超小的×，讓蝙蝠的口鼻剛好可以進去這個洞，從中吸氣體麻醉。

接下來必須以最快的速度進行手術，因為無法監控麻醉中的生理狀態，麻醉得越久，風險越大。

此時考驗的是獸醫師的視力與穩定度。單憑眼力，得將兩根小小骨頭的斷端對準，再將針頭穿入骨頭中間當作骨針固定。所以動物越小，獸醫師的手的穩定度要越好，因為即使僅僅一公釐的差距，對蝙蝠來說可是很大的距離──很難想像嗎？大約就是你的食指被接去中指的誤差。

年輕時，我還可以憑藉著雙眼視力皆一．五，自豪地處理蝙蝠的病例。只是近來老花眼似乎快要找上門，每次治療完蝙蝠，都覺得眼睛好痠。

・比十元硬幣還輕的小傢伙

說到體重極輕的動物，幼龜也是其中之一。一天在獸醫院的特殊寵物門診，一隻叫阿Q的幼龜被主人帶來看診。牠看起來精神不大好，臉上掛著兩隻瞇瞇眼。幼龜的大小就像一枚十元硬幣，放上磅秤一量：五克。拜託，就連十元硬幣都有七．五克重，這隻小東西真是太為難獸醫師了！

主人擔憂地說：「我才剛養沒多久。最近阿Q食欲不好，不知道哪裡生病了？」

或許是來到陌生的診間，阿Q有些緊張，大了些糞便（約莫是五粒「芝麻粉」的分量）。我就用芝麻般的糞便進行糞檢，一看不得了，滿滿的寄生蟲！

這樣一來，需要為牠配口服的驅蟲藥。算一算，一隻五克的動物，一餐只要吃○．○○一顆驅蟲藥，等於是一顆藥的千分之一！這意味著我得配兩百五十份藥。醫治超迷你動物，還考驗著獸醫師的數學能力。

．如何餵一隻縮頭烏龜吃藥？

但考驗沒那麼簡單就結束，得把藥餵進去才有效啊！阿Q的主人一想到回家的餵藥任務，面有難色地問：「真的有人成功地餵過小烏龜吃藥嗎？我要怎麼做？」

若是一般餵狗和貓吃藥，獸醫師會教主人塞藥的方法，或是摻到食物裡吃下去。但是烏龜最著名的技巧就是「縮頭」——只要牠把頭一縮，誰也沒輒。

「不過龜殼的空間畢竟是有限的，」我教他，「所以當阿Q縮進殼裡時，你只要盡可能地把後腳往裡面推，前腳和頭就會被推出來。或是在牠的屁股和後腳附近搔癢，牠會收進後腳，然後用前腳準備逃跑，這時就有機會抓住牠的頭。」

主人半信半疑，「但這樣不會把牠的頭拉傷嗎？」

「當然要注意，不是硬碰硬地拉。你要用一種溫柔、堅定但又不會太強硬的力道穩住，就像這樣，」我邊說，邊比劃著示範，「感覺到牠稍微放鬆時，再把頭部往外拉一點，直到脖子整個伸直，再沿著嘴角撬開嘴喙。」

我也教主人用餵食管餵藥，因為它能夠直接將藥物灌入胃部，一來有助於讓阿Q確實地吃下藥，二來可以避免牠嗆到或造成吸入性肺炎。

儘管動物的體型小，不耗費體力，但需要大量的腦力及視力來完成，而且手太大還沒辦法操作呢！

任何重於五十公斤的動物，
都很考驗獸醫師的體力與腰力

・千萬別小看大山羊

只要是超過五十公斤的動物，就很難單靠一個人進行物理保定（**「保定」是指用正確的方式抓著動物，讓動物不要動，好進行理學檢查——包括眼耳鼻口檢查、體溫、聽診及觸診、打針、抽血等醫療處置**）。在這之中，波爾山羊還算是勉強可以用人員保定的動物。

保定的方式是人跨在羊背上，雙腿穩穩地夾住牠，抓著羊的兩隻角稍微把頭提起，但四隻腳不離地，大部分的醫療像是理學檢查、打針、抽血都可以完成。不過負責保定的人要長得高一點，若個子太矮小會跨不過羊背。再者也需要力氣大一點，要知道五十公斤的山羊扭起來的力道可不小，只要稍微不受控，可以輕易地把保定者甩到三米外。

我曾經自行保定一隻母羊，順利地跨到羊身上，腿夾穩後，一手抓角、一手準備打針——沒想到一針戳下去，牠羊頭一扭、身體一甩就從我的胯下逃走，角劃過我的大腿內側！當晚，我的大腿整片瘀血。

從此我再也不敢小看動物的能耐。面對脾氣難搞的山羊，還是需要先將牠鎮靜或麻醉再進行醫療。

・摸著摸著，紅毛猩猩靈魂出竅……

大型野生動物則較難像寵物或家畜一樣由人保定。以紅毛猩猩來說，牠們平常雖然溫馴，但力大無比，即使本意沒有要攻擊都可能會傷到人。如果是未經過訓練的紅毛猩猩，面臨醫療處置時，往往需要麻醉後才能接近。

紅毛猩猩是超級聰明的動物，牠們的智商相當於五歲小孩。而且每一隻的個性都不一樣，有些是看到獸醫就逃得遠遠的，有些是只要有吃的，你想幹什麼都可以。

有一隻成年的公紅毛猩猩克里令我印象最深刻。牠特別喜歡女生，一見到女生，牠就會靠到籠子邊來討摸，但如果是男性工作人員，牠不但不肯接近，還會乘機吐口水。所以每次要麻醉克里，只要祭出女色就可以了。

這天為了做健康檢查，我來到籠舍，喚著：「克里來，克里好乖……」牠一看到是我便走近。

牠還有個癖好，特別愛把生殖器露出來討摸。若想要順利地將牠麻醉，我得先投其所好地撫摸「那裡」。

見牠被摸到靈魂出竅的時候，我乘機將麻醉藥注入牠的大腿。我想這樣的麻醉體驗一定很棒！

・看到牠的肛門了嗎？

麻醉不像在動畫裡被柯南的針一扎到就昏倒，大概需要三至五分鐘才會起作用，動物會慢慢地睡著。為防牠們跌落，我們會確保在地板或平臺上施打麻醉藥，待麻醉藥生效，就考驗大家的體力和腰力了。

一隻成年紅毛猩猩大約重八十公斤，在籠舍空間有限的情況下，無法有太多人參與搬運，一個人分配二十公斤已是極限。加上牠們的四肢關節非常靈活、皮膚緊繃，沒有太多的皮可以拉，意味著搬動時很難施力。

我們吃力地將克里搬去量體重，再搬回籠舍做檢查。獸醫師與助理們像眾星拱月般圍繞著克里，蹲在地上進行插管、監控、採血等等。

其中，我個人覺得最簡單、卻最狼狽的項目是「量體溫（肛溫）」。

紅毛的肛門和人身體的位置差不多，但因為牠們不像人類有比較發達的臀大肌，所以躺著時，肛門會稍微被壓在背側。

要是你在現場，會看見這個奇妙的場景：一個人抬起猩猩的腳，另一人拿著體溫計，兩人趴在紅毛的臀部探頭探腦，頻頻撥開牠的長毛探找。
「看到肛門了嗎？」
「好像不是這裡……」
我也是這樣嘗試了好幾次，才終於練就一次就找到肛門的技巧。

・色大叔不是一天變成的

紅毛的健檢往往安排在夏天，可以順便幫牠們理掉過長的毛，以免太熱，所以健檢的最後一個步驟就是現場人手一把剪刀，要把打結的毛、太長的毛統統剪短。這項工程也是體力活，因為需要不時翻動八十公斤的軀體，才能確保將每個部位都剪到。

獸醫師和助理們這時化身為理髮師，汗涔涔地揮動著剪刀，費了不小的力氣，總算將不修邊幅的頹廢大叔變身為清爽型男。

終於全部處理完畢了，我們為克里施打解藥，讓牠從麻醉甦醒過來。

只不過，克里醒來看到女生的第一件事，就是繼續牠在被麻醉前未完的工作……

靈長類神獸（一）

我沒見過那麼憂鬱的長臂猿

最有個性的野生動物

身邊有許多獸醫師朋友都說：「我就是不喜歡跟人打交道，才會當獸醫。」原本我也是如此，直到有一天「非人靈長類」進入我的世界，我才發現儘管獸醫師不用醫治人，但面對非人靈長類的麻煩事也不少。

所謂非人靈長類，白話一點就是猴子。本土臺灣獼猴給民眾的印象大多是「機車」，會搶路人的食物、翻塑膠袋，成群結隊的好像流氓。在私人動物園工作時，我也曾把猿、猴類列為「歹逗陣動物」（不好搞）的前三名之一。

但阿弟改變了我的想法，牠是我第一隻近距離接觸的長臂猿。

愁容滿面的阿弟

阿弟原本是民眾合法在家飼養的金頰長臂猿，後因主人年事已高，遂將牠移交給動物園。接手照顧的保育員大哥告訴我們，由於從小被人類飼養長大，主人就是牠的天，阿弟與主人分別後，成天愁容滿面。

「我沒見過那麼憂鬱的長臂猿。」大哥說。

在新成員阿弟加入之前，我們已有兩隻在園區土生土長的長臂猿——金寶和銀寶。這兩隻活像地方小霸王，一看到有人走近就晃來晃去地吱吱叫。但阿弟不一樣，正如大哥所形容，牠的憂愁都寫在臉上，每每看到有人經過，細細長長的手就握著籠子的欄杆，額頭靠在鐵條上，向來往的保育員討拍。

由於那模樣實在是太惹人憐了，所以我時不時就去找牠，除了摸摸牠之外，也會帶好吃的水果偷偷塞給牠，好讓旁邊的兩隻小霸王知道「新來的」也是有人罩的。

再惹人憐，仍是孔武有力的長臂猿

新進的動物都要安排做全身健康檢查，包括血液、X光、牙齒、糞便、傳染病等項目。長臂猿雖然兩個眼睛水汪汪，不過那犬齒可是銳利的很，想要抓著牠好讓牠乖乖抽血，除非已經過完善的動物訓練，否則面對一隻清醒的長臂猿，可是冒著莫大的生命危險。因此即使再簡單的健康檢查，麻醉也是必要的處置，才有可能讓人與猿都安全下莊。

健檢這天，我們備足了醫療器材前往阿弟的獸舍。確認牠已確實地禁食、禁水，外觀和精神也都正常，大夥便備好麻醉吹箭，準備放倒阿弟。

殊不知阿弟可不是省油的燈！也不知是牠曾經看過吹箭，還是金寶和銀寶傳授了獨門祕訣，牠雙手抓著籠頂、雙腳懸空，身體正面直接對著我們——這姿勢看似完全不設防，卻是抵擋吹箭最好的一個動作。

吹箭絕佳的注射位置是臀部、大腿外側和手臂外側，但牠將胸、腹部及遍布血管的四肢內側面向我們，這些都是吹箭危險的部位，我們無論從什麼角度都吹不到好位置。

我們彼此大眼瞪小眼地僵持了一下，眼看阿弟沒打算換姿勢，於是我和獸醫師阿J決定進去籠內，直接用網子捕捉牠來打針。兩個實習生則是在籠外待命，協助遞補彈藥。

我們兩人分工合作，負責捕捉的阿J戴上厚厚的皮手套，我來打針。兩人都是熟手了，沒三兩下就讓阿弟進了網子，順利以木板壓制後，接下來就是我的工作。

我伸手去摸阿弟的身體，好確認麻醉藥的注射位置，可是全身黑色的牠被包在網子裡面，難以分辨頭和腳，正當我朝牠伸出手時，被牠猛然一口咬住！雖然我反射性地快速縮回手，但長臂猿銳利的犬齒咬合力十分驚人，這一扯，左手背的一塊肉被掀了起來，鮮血瞬間冒出。

「來支援！」我趕緊回頭想尋求籠外的板凳球員遞補，卻見兩個實習生愣在原地，散發出一股驚恐的氣息。

沒辦法了，只能靠自己。阿J此時正奮力壓制著阿弟，不能放手，我只好把手高舉過頭，希望血流慢一點。不過被這樣一咬，也讓我知道剛剛摸的位置是阿弟的頭，於是繞到另一端，精準地往屁股扎上一針。

「接下來交給你了。」我告訴阿J，便趕緊去清洗傷口，這時才發現傷口不小，得去掛急診縫合。

抵達離園區最近的醫院，急診醫師看看傷口，淡然地問：「被什麼動物咬啊？」

「長臂猿。」我說。

一聽這回答，只見醫師的兩個眼睛都亮起來了。知道我的職業後，他一面清理傷口，一面熱切地跟我聊天，還細細地和我分享他準備怎麼清我的傷口、打算如何縫合……但躺在病床上的我只想請他趕快打麻醉，因為離開戰場，腎上腺素退去後，我的手痛到發麻！

誰要你這麼可愛

等我回去時，健檢已順利完成，阿弟也已經完全從麻醉中甦醒。

一看到我，牠趕忙爬上籠子邊，同樣將額頭靠在鐵欄杆上，想要我摸摸，彷彿在對我說：「不好意思啦，我剛剛被抓住，太緊張了……」

沒關係，看在你如此楚楚可憐的分上，我當然是原諒你了，因為你是我第一隻愛上的非人靈長類。

當眾仆街，尊嚴掃地

不過，並非所有長臂猿都這麼惹人憐愛。大多數長臂猿的智商都很高，牠們會記住是誰打的針，下回當那個人靠近時，就躲得遠遠的；或是記住吹箭管長什麼樣子，只要一拿出來，每隻長臂猿便瞬間跑得不見蹤影。

後來我在另一個單位工作，那裡有十幾隻不同種類的長臂猿，每一隻的個性都不同，有的很愛被摸下巴、有的喜歡被摸頭、有的愛抓背、有的愛抓腳，還有一些很調皮，會趁人路過籠邊時，伸手偷抓你一把。

有一回，我在籠外檢查一隻長臂猿的狀況，沒注意到自己離身後的籠子太近了，突然被一隻叫路易的長臂猿伸手抓著頭上的馬尾不放。我一面尖叫，一面用力往前想拉回馬尾，牠卻瞬間放手，害我一個重心不穩，當眾仆街。當我狼狽地從地上爬起來時，牠開心地「嗚咿嗚咿」大叫著跑走了，旁邊的實習生笑成一團。整個畫面簡直像國小男生在戲弄女生。

信任感被破壞了，就很難再建立

自從被阿弟咬過手，往後為長臂猿進行麻醉時，我都格外地小心。後來更研發一種「培養感情打針法」：先讓長臂猿放下戒心，再為牠們打針。

當某一隻長臂猿要麻醉檢查的日期決定後，我通常會從前一週開始去探望牠，隔著籠子摸摸牠、餵點好吃的，甚至把牠調整到適合打針的姿勢，再特別去抓一抓那個要打針的位置，一面抓，一面餵牠吃東西。

到了檢查當天，得準備最細的針頭放在口袋裡。有些長臂猿一看到針筒就飛也似的逃到最上方，所以針筒是絕對不能被看見的。拿著針筒的手放在背後呢？這也不行。牠們都知道手放在背後絕對沒好事，也會咻一下地逃之夭夭。

接著就像先前「培養感情」所做的，我先摸摸牠們，見牠們放鬆下來，再一面抓抓要打針的位置，一面偷偷扎針。有些沒半點感覺，有些則是在推藥時回頭看我，這時我迅速打完後把針丟到地上，舉起手示意：「你看，沒東西啊！」牠們便會相信剛剛可能只是我抓得比較大力吧。

但有一隻名叫辛蒂的長臂猿特別精明。辛蒂平時與人很親近，一叫就過來，還會窩在籠邊讓人摸。不過牠很敏感，總是在扎針時就有感覺，接著會回頭怒瞪獸醫師——一瞪便定了生死，因為這一針順利打完了，只不過接下來的兩年，這位打過針的獸醫師就別想再碰到牠。牠總會記得是誰打的針，並且從此不讓這個人靠近。

就像人類一樣，**信任感一旦被破壞，就很難再建立。**

用教長臂猿的方法教小孩

長臂猿就像是好奇心旺盛的小孩，常常探看你在做什麼，一被發現便逃之夭夭，或是趁你不注意時，拿走你的筆、眼鏡或各種小東西。不過牠們也像兩歲小孩一樣，對於新東西很快就失去新鮮感，然後隨便亂丟。

這個狀況讓大家很傷腦筋，我們當然不想讓牠們亂丟東西在自己的籠子裡面。

這時，長期與牠們相處的保育員提出觀察心得：「我發現對付這些好奇寶寶的方法，就是拿另一個更新奇、卻傷不了牠們的東西交換。我們不妨試試看。」

有一回，長臂猿搶走了我的眼鏡，我正心急時，想起保育員的話，趕緊就地找了一根形狀特別的樹枝作勢要給牠。

但是引起牠的興趣後，可不能輕易給牠，我以手勢向牠示意把手上的眼鏡還我——於是我們「一手交錢，一手交貨」，我順利拿回了眼鏡。

回到家，我如法炮製，用同樣的方法從兩歲兒子手中平和地換回他不該拿的東西。沒想到野生動物獸醫師這個職業還有助於育兒，真是兩全其美。

靈長類神獸（二）

精靈般的金頰長臂猿

不打擾，就是人類最好的溫柔

因工作關係，我有幸遇到野生的長臂猿。工作單位與越南的「瀕臨絕種靈長類收容中心」（Dao Tien Endangered Primate Species Centre）合作，由我定期至當地為救援的靈長類進行健康檢查、佩戴發報器等協助。

這間中心專門救援越南瀕臨絕種的金頰長臂猿及侏儒懶猴，兩者都是越南境內數量持續下降，並且在「ＩＵＣＮ紅皮書」（IUCN Red List of Threatened Species，「國際自然保護聯盟瀕危物種紅色名錄」，簡稱紅皮書）列為瀕危的物種。

棲地的破壞、盜獵者的猖獗，都是這些靈長類持續消失的諸多原因之一。**越南境內的金頰長臂猿與臺灣的石虎、黑熊一樣，只剩下數百隻。若再持續消失，有一天牠們將遇不到彼此，無法繼續繁衍，物種正式滅絕。**

人類給不起的自在

「瀕臨絕種靈長類收容中心」的基地在吉仙國家公園（Cat Tien National Park）內的小島上，乘小船才能抵達。這個沒有網路、使用吹風機會跳電的小島，只鋪了一條人車可行的水泥路，其他地方都是原始保留下來的林地。才踏上島，就覺得身體健康起來。

中心救援的長臂猿有些因被人類飼養太久，或是本身帶有疫病而無法野放，必須永遠住下來。還有另外一群是及早被救援，經過訓練後，準備野放回適合的棲地中。

利用長臂猿終生待在樹上的特性，中心規劃出一塊軟野放訓練區域——將此區的外圍樹木移除，沒有樹，長臂猿就難以脫逃。長臂猿在此學習正常的活動模式及覓食模式、懂得躲避人類等等。

此區外圍設置了一處較高的平臺供參訪民眾觀看區域內的長臂猿，有時我也會晃來這裡，看著牠們在樹與樹之間跳躍、移動。長臂猿的手臂很長、很細，動作很柔軟，當牠們互相追逐、跳到對方身上時，很像一坨有著棉花外表的史萊姆，軟趴趴的。這和我在動物園所見從籠內伸手偷襲人的牠們完全不一樣。

這種自在是人類給不起的。

有次剛好遇到一個案例，是一隻長臂猿從非常高的樹上摔下來，但很快又自己爬上樹，可是手呈現很奇怪的角度。我嘗試將牠麻醉好做檢查，但牠是隻非常凶猛的公長臂猿，沒人接近得了。只能配點止痛藥給牠，讓牠度過剛摔斷手疼痛的那幾天，其他就看牠自己的造化了。

跟負責人聊天才知道，原來野外的長臂猿有七成以上都曾經從樹上摔落，所以肢體骨折的比例很高，可能是因抓的樹枝不夠堅固，或者根本就是自己爬樹的技術差。這真是讓我大開眼界，原來一生都生活在樹上的動物也有爬樹失手的時候。

金光閃閃的親子長臂猿

更重要的是，長臂猿在野外多以一個小家庭為單位，所以中心會將救援進來的長臂猿配對，讓牠們孕育出下一代，再將全家帶去野放。

我來的這天剛好遇到一隻小長臂猿誕生。進入軟野放區域，志工指向樹頂，我朝著二、三十公尺高的樹冠層望去，只見一對金色的親子長臂猿——這是我第一次在自然環境中看到長臂猿，好純淨，好平靜。

這隻小長臂猿以我的英文名字命名為Savvy。

出診再出診

由於鄰近越南的柬埔寨、寮國等地缺少野生動物獸醫師及救援中心，因此有時我們是「出診再出診」。有一回，我跟著救援人員從中心前往柬埔寨的邊境，去為十二隻待救援的長臂猿做疾病採樣檢查，確認沒有病源後，才能後送至各個救援中心進行後續的野放訓練。

預訂兩天一夜的行程，路途遙遠，我們早上四點就啟程，翻過一座山，終於抵達目的地時已接近中午。

眼前是臨時搭建的幾個大籠子，十二隻長臂猿個別被關在裡面，其中有一隻剛出生不久的長臂猿寶寶，非常親人，顯然被人為飼養過。這隻小小的金色精靈讓我想到Savvy，不同的是Savvy可以抱著牠媽媽，這隻金色小精靈卻視人類的懷抱為家。

我們隨即上工，有默契地破紀錄在四小時內做完所有採樣，負責人開心地說不用在這裡過夜了！

出診任務順利落幕，只是不曉得那隻親人的小長臂猿，未來是否能像Savvy一樣有重回野外的可能？

動物的野放，是我執著的初衷

每季到訪，我都會去看看Savvy過得好不好。COVID-19席捲全球之前，我來到中心，因為Savvy一家準備野放，我要親自裝上發報器，並為牠們做最後一次健康檢查。

剛出生的金頰長臂猿全身金色，到了兩歲左右會換毛，變成全身黑色；五、六歲時，母猿會再換成全身金毛，公猿則會維持全身黑，只有臉頰是金色的毛。

Savvy六歲了。六年來，這是我第一次、也是最後一次近距離摸到牠。牠長得很健壯，全身肌肉結實，一身黑毛閃閃發亮——嗯？黑毛？

我轉頭對負責人說：「Savvy is a boy?」負責人大笑著點頭。

原來用了我名字的Savvy其實是男生，令人莞爾。好吧，我想牠本人不介意。

一切處理完後，我把牠們一家放進運輸籠內，隔天保育員要帶牠們去野放。籠內的Savvy清醒後與我對望著，我在心裡對牠說：「Savvy，你的野放正是我執著於這份工作的初衷。希望未來你能夠柔軟地在樹林裡度過。」

不打擾，就是我們人類最好的溫柔。

靈長類神獸（三）

懶猴，一點也不懶

最挫敗的一次抽血經驗

每一季，我都會到越南的「瀕臨絕種靈長類收容中心」，為當地瀕臨絕種的金頰長臂猿及侏儒懶猴做體檢、安裝發報器。我通常會在兩到三天的行程內進行十隻左右的懶猴健檢，及為待野放個體安裝發報器。

儘管已經許多年了，但第一回踏上越南、第一次為懶猴抽血的情景，我記憶猶新，尤其忘不了怎麼樣都抽不到足量的血時，內心的挫敗……

全世界唯一有毒的靈長類動物

侏儒懶猴是全世界唯一有毒的靈長類動物，而且動作很靈活，一點也不懶。牠們體型雖小，但脾氣很差，一被抓起來就會吱吱叫，並企圖咬人。為了避免被掠食者攻擊，牠們的背部有一道特別深的棕色，在夜晚的樹枝間爬行時，棕色紋路像極了越南當地的一種蛇在扭動爬行，同時會發出像蛇的聲音，藉此降低受攻擊的機率。

懶猴有多毒呢？若被牠們咬到會產生劇烈的過敏反應，儘管人類體型大，懶猴的毒液相對少量，但還是有致死的案例發生。收容中心的負責人就曾被懶猴咬到，從嘴唇、口腔到喉頭都腫大，差點無法呼吸。

懶猴是獨居動物，只有交配繁衍時，彼此才會有交流，所以媽媽都是單親。牠們每胎平均生兩隻，剛出生的寶寶差不多像人類的大拇指般大，扒著媽媽吸奶。但是媽媽出門覓食的時候得把寶寶留在家裡，追蹤發現，媽媽為了保護寶寶，會在寶寶身上塗滿毒液，以防掠食者入侵。

然而，收容中心曾陸續接到幼猴暴斃的案例。經過相關救援機構的經驗整合，判斷極有可能是被媽媽的毒液毒死的！或許是毒液塗抹太多，幼猴不小心誤食導致中毒。

之前那位獸醫比較厲害

懶猴屬於夜行性動物，因此所有工作程序都要等入夜後，牠們醒來行動時才開始。到了預定的時間，保育員把牠們一隻一隻裝在貼著名字的特製小籠子裡帶來，外面細心地用樹葉遮蔽，以降低牠們的緊迫情況（黑暗的環境和習慣的氣味，能夠讓牠們比較冷靜）。

懶猴有多小？一隻懶猴的體重大多在三百至五百克之間，差不多就像一顆柚子大小。舉例來說，我是使用筆型大小的彈簧吊秤，把牠放在口罩上秤重的。

第一隻懶猴順利麻醉了。然而抽血時，因為體型太小、四肢太細，我怎麼樣都抽不到足夠的血。感覺到身後中心人員的視線，悶熱潮濕的空氣更加重我的心急，汗滴如雨。

時間一分一秒過去，眼看懶猴就要從麻醉中醒來，抽到的血卻只夠做部分的檢驗項目。由於還必須為牠上發報器頸圈，後續野放之後才能進行追蹤，我迫不得已中斷抽血工作，轉而把發報器安裝好。

我慚愧地轉頭對負責人說：「實在是太難抽了，真是抱歉。」

「沒關係，沒關係。」負責人回應。

儘管如此，但我隱約聽到她和志工的交談內容，她說：「之前那位獸醫比較厲害啊……」

抽血失敗的事讓我當晚輾轉難眠。因為這間收容中心久久才有獸醫來支援，而且懶猴的資料在世界上非常稀少，若能確實地蒐集到血液樣本，的確能為懶猴的保育增添許多有用的資料，但第一天的這五隻都採血失敗了。

第一次的經驗讓我心中五味雜陳。

隔天下午，我把診療室整理一番，準備迎接當晚的懶猴挑戰。負責人特地對我說：「希望今晚一切順利。」著實讓我壓力山大。

施打麻醉藥後，又來到採血的這一刻，我戰戰兢兢，然而結果不盡如人意。這一晚確實採到比前晚多一點點的血，稍稍進步了，但是在抽血過程中，時不時聽到負責人的嘆氣聲。

第一次的越南任務，真是讓我無比挫敗。

我被退貨了

帶著失敗的氣息回到臺灣，往後只要遇到懶猴的病例，我都特別留意並練習，試著找出最好的抽血方法。我還為自己打氣：畢竟在第一次去越南之前，我接觸懶猴的經驗只有個位數。下回一定不一樣！

一季過去了，我們收到越南來信聯絡體檢的事情。信末並寫道：想請問你們是否能派另外一位獸醫師來呢？

果不其然，我被對方退貨了！

可惜我們單位就只有我一位獸醫師，所以我只好硬著頭皮，再次踏上越南。不過這次我稍微有點信心，希望能扳回一城。

那時我還不知道那個中心及其所在的小島，未來將與我結下深深的緣分。

有實力，才有面子

再度來到越南的收容中心，診療室內，我把已麻醉的懶猴放倒，準備抽血。上次那位嘆氣連連的負責人站在我身後。

深吸一口氣，用橡皮筋束緊懶猴的小腿上方，見血管逐漸浮現，我拿著超細的針頭緩緩地進入血管，屏息看著血液順暢地流進針筒，直到滿滿的一CC——我終於完美地採到了足夠的血液樣本！

負責人大聲歡呼，所有人都笑了。我總算拉回了面子，接下來的每一隻也都順利地採血完成。

從此以後，我從「退貨仔」變成收容中心指定的獸醫師，每一季都會去一趟，一晃眼也近十年了，這裡成為我最愛的一個地方。

幫懶猴做檢查時，如果有新志工，負責人會在一旁說：「你看喔，Savvy會展現魔法，她是幫懶猴抽血抽最多的人！」負責人的先生則是稱我為「德古拉」。

在「罰則」與「合作」之間

收容中心的懶猴都是從哪裡來的呢？

懶猴是一種很神祕的動物，就連越南本地人都不太知道牠們的存在。但就是因為體型小，很容易捕獲而落入黑市交易的市場中。加上當地人的經濟壓力大，一旦抓到一隻懶猴或是長臂猿幼獸販賣，全家人就能夠飽餐一陣子。因此即使懶猴有毒，還是有人甘冒生命危險去抓牠們。

有一回，我剛抵達越南機場便接到中心負責人的電話：「Savvy（我的英文名字），司機等等會先帶你去一家銀樓。我們接獲通報，那裡有人飼養懶猴。所以請你跟司機一起過去，如果確認是懶猴沒錯，就把牠帶回中心。」

來到銀樓後，司機負責交涉。銀樓老闆起先表現得很驚訝，雙方來回談了幾句話，接著他走到店後方，不久提著一個鳥籠出來，裡面關的正是一隻成年體型的懶猴。

司機看了我一眼，問：「Culi（「懶猴」的越南語）？」

我點點頭，確認無誤。

司機說：「老闆剛剛說，他不知道那是懶猴。他出門的時候在路邊看到，兒子很想要養，還以為是松鼠就買回來了。」

這段話的可信度儘管有幾分令人存疑，但站在救援的角度也顧不了其他，我先把動物帶回中心要緊。

「罰則」這件事，我想是全世界的難題。這麼小一隻懶猴，能夠被通報救援的算是少數，如果真的祭出重罰，會不會連通報都收不到了呢？這樣一來，這些動物可能真的沒有機會重返山林了。

除了動物的救援之外，其實收容中心的存在也可能間接影響到當地的經濟發展——若阻斷買賣這條路，以保育觀光取而代之，的確有可能吸引到更大的客群，也是一條更為永續的路。所以**在罰則與合作之間，保育往往選擇的是「合作」**。

我和懶猴坐在汽車後座，牠看起來很健康，或許是才剛被抓到沒多久。幸運的是，銀樓一家人沒有被牠咬到，我想這大概就是最好的結局了吧。

飛吧！大冠鷲太太
野生動物救傷中，最感動的時刻

常常有記者問我：「做救傷有沒有最感動的時刻？」

當然有。每回進行野放時，望著動物急急忙忙衝出去的那一刻最令人百感交集。回想起眼前的動物從原本連吸一口氣都有困難，慢慢地可以自己進食、傷口逐漸癒合、開始會攻擊人，到站得穩、飛得高、跑得快……直白地說就是「躺著進來，站著出去」。

我相信在許多救傷人的心中，動物最可愛的一面不是牠們淚光閃閃的眼神，而是一個個跳躍的背影、山羌豎起來的白尾巴、白鼻心如逗貓棒的黑尾巴。又或者是動作太快的臺灣獼猴，往往只見一團黑影。鳳頭蒼鷹出籠後則迅速地飛到樹枝上，以鄙視的眼神看著你，彷彿說著：「終於擺脫人類了！」

難以忘懷的心頭肉

雖然每一次野放都像是為救傷人的心默默地補血，但總有那麼幾隻是自己的心頭肉，對我而言，「大冠鷲太太」就是其中之一。

大冠鷲是臺灣常見的大型猛禽，在都市裡也有看到牠們的機會。每天上午九點後到中午前是熱空氣上升的時段，大冠鷲會利用熱空氣在天空盤旋，邊飛翔，邊發出「ㄏㄜˋ ㄏㄜˋ ㄏㄜˋ ㄏㄜˋ——ㄏㄜˋ——」的叫聲。順著聲音的方向抬頭，或許可以看到大冠鷲在天空盤旋。

來到野灣醫院的大冠鷲傷患往往不是雙腳受重傷、就是翅膀缺失，即使經過救治能撿回一命，但已失去在野外生存的能力，最後我們只能選擇為牠們安樂死。但幸好，命運之神眷顧著大冠鷲太太。

為鳥接骨，要像打太極

這隻大冠鷲太太是在路邊被發現的，好心人連忙將牠送來醫院，一檢查才發現牠的翅膀骨折，而且看起來已經受傷四、五天了。

「牠怎麼會脫水這麼嚴重？」同事心疼地說。

我猜想牠帶著骨折的疼痛，在野外很難找到東西吃，也找不到水喝吧，實在太讓人捨不得了。

接回斷骨自然是最重要的任務，但當務之急卻是針對牠虛弱的身體狀況給予治療，因為骨折手術動輒需費時兩個小時以上，為了降低手術中的風險，勢必要先將身體的狀況調整好。

不幸中的大幸是，傷在橈尺骨屬於簡單的骨折型態。但因為時間拖久了，患部周圍的肌肉張力變得很緊，要將翅膀對合到原本的位置並不容易。再者，鳥類的骨頭是中空的，即使是像大冠鷲這麼大型的猛禽，骨頭還是很脆弱，所以將骨頭推回原位時，必須持續地穩定使力。

「就像打太極。」我提醒自己。

進行這種手術時，得在用力與放鬆之間取得一種太極般的平衡，絕不能像打拳擊那樣用力，否則一擊真的就必碎。

鳥類的橈尺骨有一個特殊的弧形，除了對合之外，也要符合原本的弧度。另外也須考量到骨折修復後的長度是否跟另一邊正常翅膀的長度一樣，才不會造成兩邊長度不一而難以平衡。

好不容易，耗時三個小時，總算將大冠鷲太太的骨頭完美地接合了。

接下來只需要等一到兩個月的時間，讓骨頭長好。

大冠鷲在天空翱翔的英姿很帥氣，但進到住院籠舍就變得「平易近人」。不知是誰先起的頭，給了牠「太太」這個稱號，有點溫暖，有點可愛。我們常常笑稱牠像一隻大冠雞一樣，圓滾滾的身體和閃亮亮的眼睛，看起來一點殺氣也沒有。

這算是身為野生動物獸醫師的意外福利嗎？得以見到動物們在舞臺下的另一番面貌。

動物也想安逸過日子

終於到了拆除骨釘的這天——大冠鷲太太的翅膀就像新的一樣！但也因此，牠必須重新練習使用這副新翅膀，於是團隊陪著牠，在練飛籠裡展開為期一個半月的高強度訓練。

這時大家才發現大冠鷲太太看似傻氣，其實可不是省油的燈。一開始的訓練過程，牠頻頻出現「不想飛」、「懶得飛」、「好累，要休息一下」的各種賴皮反應。保育員走近牠，想藉由驅趕讓牠練飛，牠反倒使出猛禽的威力「反驅趕」，一人一鳥在籠內你追我、我追你，常常逼得保育員不得不喊停。看來動物也會想過安逸的生活啊。

不過，牠想必是聽見了天空中同伴的呼喚，到了訓練後期，爭氣地越飛越好。我們確認過這副新翅膀無論在飛行中或是休息時，都能夠處在正常的位置，於是一個半月後，大冠鷲太太從醫院「畢業」了，獸醫師和保育員准許出院！

命運之神，請永遠眷顧牠

每到野放的時刻，在動物離開籠子前，我都懸著一顆心，無法放鬆。直到牠將小腳踏出籠門，雙腳一蹬，展開翅膀奮力地上下揮動，看著牠乘著風越飛越高、越飛越遠，頭也不回地直到變成天際的一個小黑點……

不曉得其他人怎麼想，但曾經看著大冠鷲太太落魄地入院，經過三個月的修復，最後可以回到屬於牠的那片天空，我不禁覺得鼻子酸酸的，但心裡卻是滿滿的。

偶爾滑滑手機裡大冠鷲太太的照片，我在心裡對牠說：希望你在家鄉，一切安好。

如何麻醉一頭獅子？

最瘋狂的麻醉計畫

治療野生動物的時候，麻醉是很重要的。牠們不像家中的寵物馴養，也不如犬、貓與人類之間親密、信賴，若沒有經過完善的動物訓練或麻醉，強迫進行某些醫療，往往會傷到動物及獸醫師自己。因此肉食動物如獅子、老虎都必須進入完全的麻醉狀態，才能確保彼此的安全。

頭幾回麻醉獅子時，前一晚我都會失眠，不斷在腦海中模擬整個流程——包括逃生路線。儘管我們是利用一種特製的電動壓縮籠能將獅子固定好打針，但麻醉危險動物，從逃生路線到逃跑的順序都必須事先擬定，否則意外發生的當下爭先

恐後，只會阻礙逃生。

聲聲獅吼，直達心門

「醫師，我有頭獅子最近的精神和食欲都不好，想請你來看一下。」保育員在無線電中說。

我帶著配好的藥來到獅群休息的後場。但隔著籠子跟牠對望半天，看不出所以然，牠也吃不下口服藥，看來只好安排麻醉檢查。

「體重的預測」是野生動物獸醫師很重要的訓練環節之一。由於無法固定為獅子秤重，所以只能預估體重來安排麻醉藥的劑量。若是估得太輕，有可能劑量不足，無法睡著；估得太重使麻醉劑量過高，又會有較大的副作用風險。

這頭獅子食欲不振了幾天，看起來肚子有點凹陷，所以我配了六十公斤重的劑量。

雖說精神不好，但麻醉當天，牠還是凶猛地對我們吼了幾聲，那聲聲重低音直達心門。

施打麻醉後過了十分鐘，見牠側躺著似乎睡著了，用長棍子敲一敲也毫無反應，於是我和同事攜帶設備及醫療耗材入籠。正當準備開始操作時，獅子突然甩了一下尾巴，同時呼了一大口氣！

我們驚恐地對望一眼，也顧不得器材，轉頭便衝出籠子。

鎖好門後定睛一看，籠內的獅子在舔舌頭，牠醒了！

想必是麻醉藥給得不夠，這回加重一點劑量後，謹慎地等待更長的時間，見麻醉深度已足，我們二人組再度入籠，小心翼翼地把獅子抬到擔架布上，先抬出去秤重。一秤才知原來牠瘦歸瘦，也有八十公斤，難怪第一劑麻醉無法見效。

分秒必爭，緊接著將獅子搬回籠內，快速地做檢查及採樣。最後其他人員帶著所有設備退出去，鎖上門。籠內只留下手持麻醉解劑的我，和近在眼前的大獅子。

我的任務是——喚醒牠。

解劑從血管施打後，獅子很可能會在一分鐘以內甦醒，所以我必須確實施打藥物、快速壓迫血管，然後在獅子抬頭之前，離開籠舍。

我永遠記得，從打血管到順利地步出籠子，鎖上門，我的手是一直在抖的。

一次麻醉六頭獅子，怎麼可能?!

幾年的麻醉經驗下來，我從發抖的菜鳥晉升到發號口令的老鳥，也從一次麻醉一頭獅子，到一次麻醉六頭獅子。

由於園區的獅子為數不少，所以年度健康檢查都是抽樣調查。但我和同事認為如此一來，很可能遺漏未被檢查到的獅子的健康資訊，便發起一項挑戰：兩名獸醫師搭配兩名實習生，同一時間麻醉六頭獅子，同時採樣，並且同時讓牠們甦醒。

「這怎麼可能！太瘋狂了。找死啊？」許多人聽說後都感到不可思議。

這看似不可能的任務，就在我和同事的好默契下，刺激展開！我們擬定了一道類似生產線的作業流程：先讓獅子依序進入壓縮籠，打完針後就進到麻醉區。

身為老鳥，已練就預估體重的好功夫，所以不容易出現麻醉失誤的狀況，第一批獅子們按照我們預期的打完麻醉後，一一在籠內安穩地睡去。等到第六頭也熟睡了，我們一人拿著一箱器材進入。

在六頭大獅子環繞下，一組負責理學檢查、一組負責採血，分工明確且節省時間，當六頭都處理完，只比處理一頭多出幾分鐘。

最刺激的一步就是喚醒獅子的時刻：我們兩個人同時進行，等於一次為兩頭獅子打解劑。這也表示只要其中一人找不到血管，就很有可能會撞上甦醒的大獅子。分秒必爭，兩人互看一眼，雙手平穩地持針，緊接著有默契地開始埋頭打針。在專注中，感覺得到籠外的同事們屏氣凝神。不過身為老鳥的我們豈會發生找不到血管的烏龍呢？

順利打完解劑後，我們優雅地退出籠子，「咔」的鎖上門鎖時，第一頭獅子晃動著頭，準備要醒了。

按照這樣的模式，那個夏天，我們麻醉了四、五十頭獅子！

與動物鬥智

最吸引我的一項挑戰

大學時，曾在南非參與麻醉一頭白犀牛，那次經驗啟發了我對「麻醉」這項專業的興趣。

在遼闊的非洲草原麻醉野生動物往往要用到直升機。但是在臺灣的動物園裡，空間有限，像長頸鹿體型高大、卻很敏感的動物，怎麼麻醉？紅毛猩猩身材壯碩，無比精明，又要如何打入麻藥？

麻醉對象如果是巨型或凶猛的動物，實在是挑戰十足。

如何幫長頸鹿修指甲？

「呼叫獸醫！」手邊的呼叫器響起，園區的大型草食獸照養組長請我去檢視一頭長頸鹿的蹄。

「這頭長頸鹿最近走路時不太對勁，特別慢，特別小心。是不是蹄有狀況？」組長說著，指指我眼前的這一頭。

仔細觀察，牠兩隻前腳的蹄都長得太長了，走起路來像墊了隻木屐，若不適當修整會很不舒服，甚至傷害到骨關節等部位。但眼看著有三個我這麼高的龐然大物——到底要如何幫一頭長頸鹿修指甲？真是難倒我這個菜鳥！

我問照養組長：「組長，請問……長頸鹿怎麼修指甲啊？」

組長哈哈大笑說：「你是獸醫欸！」

我只好摸摸鼻子去翻書和病例，原來只要經過適當鎮靜，就可以將長頸鹿的腳抬起來，把蹄磨短。

雖說是鎮靜，其實也是注射麻醉藥劑，一定要先做檢查，確認長頸鹿的身體狀

態足以承受麻醉。其中，抽血檢驗是最快、也最容易取得數據的方法。

教科書寫道，幫長頸鹿抽血是從頸靜脈——這意味著我得夠高到長頸鹿脖子的位置。

長頸鹿籠舍有一座簡易的保定架，讓牠走進無法迴轉的架子中間，外側有梯子供人爬到長頸鹿脖子的位置。我總算有用到它的機會了。

人生第一次幫長頸鹿抽血，我緊張得略略發抖，帶著不安的心和十ml針筒爬上梯子，微抖著雙腳爬升至倒數第二階，手一伸——媽呀！長頸鹿不是普通高，我完全搆不到，只好硬著頭皮爬到最高一階。

稍微探出身，直到感覺自己快掉下去了，才終於摸到牠的皮膚，但是單靠手指的力道不夠，我握緊拳頭壓迫頸靜脈，使血管浮現。看準了下針處，正要入針——誰想得到皮如此厚的長頸鹿竟會怕一支小小的針頭，牠脖子一抖，就把我的針筒整個彈飛！

浪費好幾支針頭後，總算採到血。確認身體狀態無礙，接著就是長頸鹿的「美甲」時間了。

有了採血噴飛的經驗，讓我了解長頸鹿雖然很高大、皮很厚，看似沒有什麼好怕的，但內心深處，牠們就像鹿科動物一樣容易緊張，突然的動作會激起牠們很大的反應。所以注射鎮靜藥物時，我一手拿好麻醉針劑，一手先輕緩地撫摸要打針的區域，感到牠逐漸放鬆，待牠放下戒心再迅速扎針，接著像沒事般繼續摸，牠也似乎沒什麼感覺。

以前我從沒想過，原來獸醫師是如此需要與動物鬥智的行業。

注入藥物後約莫十分鐘，麻醉藥生效，但牠還是可以穩穩地站立。為什麼不讓長頸鹿像其他動物一樣躺下？要知道，面對大型動物的難處就在於牠什麼都很大、很重，因此要著重於讓牠們也能夠負擔自己的部分重量。成年的長頸鹿若完全倒地，不見得比較容易操作。

這時，再依序將四隻腳用帆布帶吊起來，開始「剪指甲」——不誇張，幫長頸鹿剪指甲用的是「砂輪機」。

長頸鹿的蹄很硬，大範圍的修整得靠砂輪機來磨，一些細部再以人工修整。如果只靠人力慢慢磨，將導致鎮靜時間延長而增加風險。

兩邊的蹄部都修整完畢，我注射解劑讓牠完全清醒。牠腳步悠哉，一派輕鬆地離開保定架。

第一次麻醉長頸鹿，人與動物都安全下莊，讓我鬆了一口氣。

運氣救了我一命

說到麻醉，我認為最有趣的一點正是在麻醉之前，與動物的「鬥智」。無論你是打針或用吹箭，動物都記得。但我觀察的結果發現，應該不是疼痛讓牠們感到害怕，而是「不知道發生什麼事就猛然被扎一針」這點令牠們恐懼。

那是不是一種失控的感覺呢？

在動物園，我每年會固定為紅毛猩猩做健康檢查。正如前面的內容所說，由於牠們在園區內還沒有接受動物訓練，因此必須麻醉檢查。

紅毛原本待在外籠舍，檢查當天早上，保育員會先讓牠們禁食，並且讓牠們進去內籠舍。內籠舍比較小、比較矮，在麻醉誘導期比較安全。但阿凱實在是我交手過最聰明的一隻猩猩，牠卡在內籠舍的門口，就是不讓保育員關上門，怎麼引誘都沒用。

到了預定要麻醉的時間，我和阿凱站著互瞪，牠文風不動。如果我當下吹箭，牠很有可能逃至外籠的高處，麻醉一生效，肌肉無力的牠可能會跌落。一隻體重近似成年男性的紅毛猩猩掉下來可不是好玩的。

但是無論我用吹箭嚇牠、拿食物引誘牠、以糖水誘惑牠，都沒有用，阿凱始終很固執地擋在門口。最後我宣布放棄，對保育員說：「算了，改天再處理牠。你放飯給牠吃吧！」

奇妙的是，阿凱像是聽懂了什麼，開心地跑進內籠舍。保育員眼明手快地關上籠門。沒想到我們意外的放棄，竟演變為成功的戰略。

然而另一隻紅毛猩猩欣欣的故事就沒有那麼和平。

這些紅毛猩猩都是園區內的長年住客，資歷比我還久。據說前主人未善待欣欣，導致牠極度厭惡人類，不與人接近。如果不小心太靠近牠的籠子，牠會伸手想抓人攻擊。欣欣散發出來的氣場是認真要把人撕碎的態度。

翻開牠的病例，每次麻醉的備註都是「醒很快」，我感到頭皮發麻。

有一次要做健檢，我試了幾次不同的劑量，才總算順利地將牠麻醉。檢查完便給予解劑，等牠甦醒，沒想到這一等卻超過預期該甦醒的時間，我用棍子戳、放出聲響都沒反應。

時間越拉越長，雖然牠的胸廓有平穩的呼吸起伏，但超出預期的時間還是令人不安。由於牠是背對我們躺著，於是我對保育員說：「你幫我打開籠子的連通門，我看一下牠有沒有眼瞼反射（這是當麻醉深度較淺的時候，會出現的生理自然反射）。」

正當我站在連通門前，準備打開時——欣欣猛地爬起身，而且還可以正常走路，連一點搖晃都沒有。

每次回想起那一刻，都覺得真的是運氣救了我一命。要是牠慢一秒起身，或是我早一步跨進籠子……

自此之後，我絕對不在動物沒有被麻醉、或是解劑已施打的情況下貿然打開籠子，絕無妥協。

白犀牛睡著了
最矛盾的保育難題

在許多人的想像中，野生動物獸醫師非常帥氣又厲害。否則面對各種「神獸」或是特別巨大、凶猛的動物，連接近都很難了，誰有辦法去治療牠們？

初入動物園戰場時，我也曾抱著疑問：長頸鹿那麼高，怎麼檢查？獅子一口就會把我吃掉，怎麼給藥？犀牛皮硬如盔甲，怎麼打針？身為野生動物獸醫師，會不會常被動物拋飛？

事實上，野生動物獸醫師靠的是腦力和創造力，並且要懂得運用不同麻醉藥的特性，好讓野生動物更加配合治療。然而即使在圈養的動物園、面對空間受限的

動物，這都不是簡單的事，那麼當背景擴大至一望無際的大草原呢？

直升機上的獸醫師

我第一次意識到麻醉的重要效用是大三時，參加南非Pretoria大學舉辦的國際性獸醫學生研討會，內容包含南非的獸醫課程、保育單位參訪，其中最誘人的內容是野外麻醉實作課程。當時除了在課本上見過麻醉藥物，就只有在動物醫院實習時為貓、狗打過麻醉。從來沒有見過在廣大的野外麻醉這麼大一頭生物——白犀牛[3]。

由於這個區域的白犀牛保育有成，繁殖數量即將抵達臨界點，必須將一部分的白犀牛移出，才能使此區的數量維持平衡。這剛好成為我們這群學生最佳的演練示範。

3. 白犀牛因為盜獵的問題嚴重影響族群，曾經數量只剩一萬多頭。雖然目前已上升至兩萬頭，但盜獵不減，尚未能放鬆保育工作。

南非的溫差極大，我們選在清晨進行麻醉，此時的溫度只有攝氏個位數。剛下車，耳邊傳來一陣規律的「噠噠噠噠」聲，沒多久有架小型直升機從我們頭上低飛而過，門邊掛了一名身穿迷彩裝、手持麻醉槍的女性獸醫師，帥氣極了。地面上另有一隊人馬與她互相聯繫。

由於南非大草原極為寬廣，如果用車輛追犀牛，一是速度不夠快，二是容易被犀牛發現。於是先以直升機搜尋蹤跡，發現犀牛後快速地接近，先將牠麻醉並確認倒地位置，我們這些學生再搭乘吉普車靠近。

直升機飛過沒幾分鐘，地面部隊便傳來擊中的消息。我們繼續待在吉普車裡屏息等待麻醉生效，雖然只有幾分鐘，感覺卻像是幾小時。

當麻醉藥起效的訊息傳來，地面部隊趕忙發動汽車，跟著領頭車前往犀牛倒下的地點。

對動物好？還是對人好？

這真是令人激動的一刻：眼前在麻醉中熟睡的白犀牛是世界上現存體型最大的

犀牛之一。

犀牛的眼睛被毛巾蓋住，以避免光線影響麻醉深度；耳朵也被大團棉花塞住，避免突然的聲響造成牠甦醒。

我努力穩住興奮顫抖的手，先以聽診器聽犀牛的心跳，再用溫度計幫牠測量體溫。平常令犬、貓們驚恐的肛溫計，到了犀牛面前真是小到毫無存在感。犀牛就像我眼前的這片大草原，彷彿可以包容任何事物。

所有的醫療程序即將完成時，有輛巨大的吊車緩緩地駛近，一切就緒後，它會將犀牛帶離這片草原，送往隔離區域，確認疫病檢疫過關後，後續再送往其他國家的動物園。

雖然理解這是為了在地區域的保育平衡所下的決定，然而當我蹲在犀牛身旁，觸摸著牠厚重的皮，思考迴路無限糾結：

> 站在保育的角度，從野外看起來，維持平衡是必需的。但是對於眼前這頭美麗的龐然大物來說，牠的下半輩子即將要被限制空間、限制食物、限制生活作息，甚至連配偶都無法自行決定。如果生了任何疾病，還會因為人類的能力限制，連

自己要在哪裡離世都沒有自由。

回歸到大範圍來看，人類的介入究竟是好是壞？

是對動物好？

還是對人好？

白犀牛，你可安好？

吊車降下一座厚重的鐵籠，籠門往上抽起，看起來是準備載運白犀牛的特製運輸籠。

我問南非大學的獸醫學長：「這麼重的犀牛，我們要把牠抬進那個籠子裡嗎？」

學長略帶欣喜地說：「你看著吧！」

我們所有學生都移動到距離犀牛約三十公尺的固定位置，只剩獸醫師、巡邏員等人圍繞在犀牛身邊。

只見其中一人把繩子套在犀牛角上，其他人站在牠的左右兩側。後面由剛剛在

直升機上的帥氣獸醫師手拿著一根棍子樣的東西，確定所有人都就位後，她用棍子輕碰犀牛的後腳——原來那不是普通的棍子，而是電擊棒，透過電擊的刺激喚醒沉睡的犀牛，但因為麻醉藥物的作用，因此犀牛無法反擊。

等犀牛完全站立時，最前方的繩子開始拉動，犀牛緩緩地踏出步伐。視線雖然被蒙蔽，但也因為如此，才不至於過度緊迫而暴衝。

犀牛兩側的工作人員不時推動牠以改變方向，讓牠朝向籠子走去。指引繩則穿過籠子，當犀牛緩緩地走進籠內，便卸掉繩子，關上籠門，最後靠吊車將籠子吊上車子，運送到檢疫區內。

犀牛吊車離開後，全場鼓掌歡呼，因為這種大型動物移地操作的危險性高，能夠一次行動順暢並且在一個小時內結束，仰賴現場人員的默契、平時演練與高度專業，才能夠顧及動物和工作人員的安全。

我們跟著到檢疫區，高聳的堅固柵欄後，是剛剛那頭被麻醉的白犀牛。牠已完全甦醒了，好奇地跑到籠邊來嗅聞我們。

不知道後來牠被送往地球上哪一個國家飼養？

也不知道如今牠是否還在這個地球上？

不同的動物，麻醉難度不同

除了白犀牛，研討會也安排了非洲水牛及非洲獅的野外麻醉課程，因為不同的動物有不同的麻醉難度。

比如非洲水牛都是成群活動，所以必須先從直升機上射擊漆彈來選定麻醉目標，再以直升機進行驅趕，將目標的水牛從群體中獨立出來，以免射到其他水牛。非洲水牛是因做抽樣疾病調查而麻醉，獅子則是完全不同的狀況。我們的目標獅子佩戴了頸圈式發報器，因頸圈過緊而需要麻醉處理，提早為牠解開發報器。由於非洲獅的習性是在晚上清醒，為了配合獅子的作息進行醫療，所以整個麻醉行動是安排於傍晚進行。第一天，我們持續尋找近三個小時，可惜空手而回。幸運的是，第二天傍晚便發現牠的蹤跡，當地的獸醫師搭乘吉普車追蹤發報器的位置，並且以麻醉槍順利麻醉牠。

確認獅子睡著後，我們趕緊驅車前往牠的所在地點。

保育的矛盾

獅子是我心目中排行第一的喜愛物種，但直到這一刻，我才親眼見到野外的非洲獅——粗糙的黃色皮毛有如非洲大草原般稻黃；銳利的犬齒配上厚實的上下顎，彷彿聽得見獵物的骨頭被咬碎的聲音；似貓般可愛的腳掌，卻有著尖銳無比的腳爪……

這時，卻看見牠頸部那一圈因佩戴發報器而出現的傷口，錯愕又矛盾：裝發報器是為了更了解動物，希望帶來更多保護；但這個小東西，卻帶給牠創傷和不適……

當時的我還是個懵懂的學生，滿腦子困惑說不清。

但從事保育多年，現在的我想對當年那頭獅子說：辛苦你了，如果沒有你佩戴發報器，人類不會有更加改進的設備；但如果沒有人類的傷害和干預，實在也不需要這樣的設備。

時隔十六年，保育的矛盾絲毫沒有減少。

麻醉藥不是毒藥

獸醫師最有理說不清的事

在動物醫院的特殊寵物（簡稱為「特寵」，如陸龜、鳥、兔子等）門診，常遇到憂心忡忡地帶著家中的動物來看診的主人，一聽到「麻醉」二字便嚇得大驚失色。

經過我們一番解釋，有些主人可以理解並接受在進行部分檢查時，需要替寵物做鎮靜或麻醉，但有的主人寧願不治療，也不願意讓寶貝寵物進行麻醉。

飼主說：「別家都不用麻醉！你是不是想多收錢？」

有一回來到診間的是一隻玄鳳鸚鵡。主人是個大塊頭，說起鳥兒，眼中流露溫柔。「小玄鳳最近食欲不好，不過精神還不錯，不曉得是怎麼了。」

我檢查後，提出建議：「我現在要為小玄鳳進行麻醉，好拍攝X光確認腸胃道的狀況，才能夠有效地進行治療。」

沒想到主人一聽說要麻醉，便大聲地質疑：「為什麼要麻醉？別家都不用麻醉！你是不是想多收錢啊？」

我耐著性子解釋：「因為拍攝X光時，需要讓鳥擺出固定的姿勢，而且得維持幾秒鐘不能動。但小玄鳳不可能好好地伸直腳躺著，張開翅膀拍照。」主人顯得有點不耐煩，我繼續說明：「如果不麻醉，一定是由我們獸醫師硬抓，小玄鳳就會掙扎，很有可能動來動去，造成影像拍出來是模糊的，或是姿勢擺不正而誤導診斷。」

主人準備張嘴說什麼，我趕緊把話一口氣講完。「我們更不樂見的是可能在抓的過程中，讓牠受傷了，有可能會肌肉拉傷或甚至骨折。」

我苦口婆心，但主人仍然不願意，只是重複地說著：「別家醫院拍X光就不用麻醉。為什麼你們要麻醉？」

看來剛剛那番解釋他根本沒聽進去，我無奈地說：「那只好請你到能抓著小玄鳳拍攝的那家醫院，找他們治療了。」

「我怕牠醒不過來……」

幾天後，這位主人帶著小玄鳳回來，愁容滿面地說：「我們去別家看了，也拍了片子，但是沒有起色。現在小玄鳳連精神都變差了，怎麼辦？」

他將抓著小玄鳳拍的X光影像帶來給我參考，只見姿勢歪的、畫面模糊的，沒有一張有助於診斷，因此我再度提議必須進行麻醉，但也誠實地告訴他：「小玄鳳現在的狀況比起上一次來說更嚴重，麻醉的風險會更大。」

然而這位主人還是有他過不去的坎，仍然不願意讓小玄鳳麻醉後照X光。可能是讀出我眼中的疑問，他低聲說：「我怕牠麻醉後，就醒不過來了……」

我微笑著安撫：「關於這一點，請你放心，我們在麻醉過程中會監控牠的狀態。」

但無論怎麼解釋，主人始終認為「麻醉藥就像毒藥一樣」。實在是勸不動，我只好幫小玄鳳開一些有助於促進食欲的藥物，死馬當活馬醫。

然而最後，小玄鳳沒能撐過去。由於無法妥善地進行檢查，最終我們失去了一條生命。

是捨不得？還是自私？

過去的我會認為這個主人真是無知，既無專業知識，也不願意接受建議，就這樣白白葬送一條小生命。

但行醫多年來，看過越來越多人與動物之間的情感，漸漸發現，大多數飼主較無法接受意外死亡，反而是在家中，緩慢地看著愛寵從一開始生病，到病重、無法吃喝也無法移動，最後完全靜止不動——彷彿知道自己已經束手無策了，比較心安。至少不是因為自己做了什麼決定而讓牠突然死亡，而是疾病已經無藥可醫。

人始終是自私的，就連對自己寵愛的動物都是如此。

麻醉藥真的不是毒藥

小玄鳳主人關於「麻醉藥就像毒藥」的誤解並非特例，我聽過許多人有類似的疑惑。但事實上在獸醫的醫療做法中，麻醉藥是被廣泛運用的，尤其在醫治特殊寵物與野生動物時更是如此。

有些動物因為體型龐大、動作過快或過於凶猛，需要適當的麻醉或鎮靜，才能夠獲得較細緻的檢查。透過這些檢查，獸醫師們才能知道發生了什麼事，否則光用兩隻眼睛看的目視療法是起不了任何作用的。

此外，麻醉藥物也分為許多種，獸醫師必須針對不同的物種、體重及狀況，相互搭配使用，目的是為了降低單一藥物的劑量，進而減少藥物的副作用。就像人們現在很推行的舒眠麻醉，其實就是一種全身麻醉。

在不同的階段給予不同的麻醉藥物，以達到有效的麻醉，讓病患在檢查過程中不會感到不適——這正是我們為動物做檢查時，進行麻醉的目的。能夠妥善地運用，麻醉藥就不是毒藥。

中場

了解死亡，才能救助生命

——獸醫師是如何養成的？

中場

了解死亡，才能救助生命

獸醫師是如何養成的？

回想起來，考入獸醫系是從小成績不大好的我，頭一回為了自己想走的路而拚命讀書。幾經波折，我才終於展開獸醫系學生的旅程。

進入獸醫系，第一年必受的震撼教育就是解剖學，在這門課，每組學生都需要製作自己的「大體老師」。

以動物的大體為師

學校有一個區域是專門讓學生製作大體老師的地方。這些已經沒有生命的動物們，透過福馬林的保存，皮、肉、內臟、血管、神經一一都靜止了下來，讓每位獸醫系的學生踏出第一步。

會選擇念獸醫，許多同學自然像我一樣是從小就喜歡動物——但那是活的動物。然而念獸醫系的第一年，我們整學年都得面對死亡的動物。有些人在製作大體時頻頻作嘔，有些人被福馬林的氣味嗆得難以呼吸……不過這些激烈的反應，過幾週後便漸漸平靜下來，也許是習慣了，或者因為我們逐漸理解到**要先了解死亡，才能救助生命**。但也有少數同學實在無法面對死亡的動物，而選擇轉系或轉學。

對我而言，除了覺得大體老師的氣味比較重之外，並沒有感到太多其他的障礙。我反而認為透過這些大體老師，能幫助我們在無須擔心動物安危的情況下，很清楚地看見牠們身上的每一個小細節。

我們經歷過的，你們也要經歷一遍

比起第一年的解剖學課程，大三的病理課更精采，而我們大二這班「幸運地」提早接受了洗禮。

那回，大三病理課的老師收到一家牧場將死亡的牛隻送來解剖以釐清死因。由於機會難得，老師通知大二的我們一同參與解剖過程。我們興奮地進入解剖室，只見一頭體型龐大的乳牛橫臥在地板上，肚子大得像要爆開一樣。一旁，病理老師和學長姐們拿著解剖刀與磨刀棒，唰唰唰地磨著刀。

接著，老師帶領學長姐俐落地劃開厚重的牛皮，依序解開肩關節和髖關節，完美地露出體側肌肉的紋理，接著又沿著肋後緣劃開肌肉層，進入腹腔。此時只見學長姐們緩慢地往後方移動，我們一群大二生不明所以，紛紛開心地向前擠到搖滾區，渾然不知接下來將發生什麼，還努力地踮起腳尖、伸長脖子，想盡辦法要看到牛隻的狀況。

刀子劃開肌肉後，腹腔的腸胃道因為膨脹得很巨大，緩慢地滑落出來。正當我們大二生還在竭盡所能地將一切錄進腦海中時，老師姿態輕鬆地以刀尖輕輕地刺

破那膨脹的胃——瞬間有股惡臭彷彿爆炸般的煙塵朝我們迎面撲來，那是一股腐爛已久的濃郁臭味！

「唔！……」

「喔哏！臭死了！」

我們這群小大二像被狗狗追趕的鴿子群般往四處飛散開來，有人跑到水槽旁嘔吐，有人直接奪門而出。稍早後退的學長姐們則冷眼看待一切，好像在說「我們經歷過的，你們也要經歷一遍」。

揮舞著解剖刀的老師彷彿與我們處在不同時空似的，不受惡臭及學生紛亂的干擾，繼續優雅地與巨大的乳牛共譜圓舞曲。

當天全班的衣服都沾染上腸道的腐臭味，來不及換衣服就去上下一堂課，沒想到一進教室，不知情的老師便說：「喔我的天啊！你們剛剛去剖臭掉的牛嗎？」

時至今日，我想班上無人記得當時那頭牛的病理結果是什麼，但永遠也忘不了那股卡在鼻毛裡的臭味。可是經過這次的震撼教育，我在接下來的職業生涯中很難再遇到相同等級的臭味，只能說病理老師一片用心良苦，讓我們先苦後甘。

一次檢驗幾百份血液，要累死誰！

大一到大三多半是基礎課程，什麼都要學。升上大四後，同學們便根據自己感興趣的方向選擇實驗室，跟著老師做研究。

那時最熱門的是系上的教學醫院，可以學到最臨床的內容。但相對地也最累，時常需要照顧住院動物到半夜、甚至過夜，或是急診手術一站就是好幾個小時。

考量自己是個很重睡眠的人，為了避免不出一個禮拜就在動物醫院陣亡，所以我選擇了相對輕鬆的禽病實驗室，負責檢驗雞場的血液樣本，以檢測該雞場是否有傳染病。

原以為工作內容滿輕鬆的，只要趁著空堂就可以做完檢驗。殊不知，雞場送來的血液樣本往往一次有好幾百支，是要累死誰！

但話說回來，這份工作讓我累積了許多實驗數據，後來順利地完成專題報告，也實在沒什麼好埋怨的了。

馬場實習：與野生動物親密接觸

除了校內的實習之外，最令人期待的就是寒、暑假的校外實習。大部分同學會爭取去有名氣的動物醫院，或是找認識的、離家近的醫院，大多是醫治犬、貓病患。但我反而沒興趣，轉而尋找非犬、貓類的實習單位。

學生時期的我對於野生動物還沒有什麼概念，便選擇自己一直很喜歡的動物——馬作為實習對象，升大四的暑假，在一間私人馬術俱樂部學習如何照顧馬，除了掃馬房、刷馬及洗馬，遇獸醫師來診治馬時，也順道學習治療的內容，並負責投藥。我與野生動物的親密接觸可說是由此開始。

馬是一種體型巨大但心思敏感的動物，而且每一匹馬都有其個性與脾氣，有些馬還特別喜歡捉弄新人。

第一天掃馬房時，原本一切順利，馬兒們都很配合地移動位置，讓我可以把大便鏟出來，但其中有一匹馬無論我怎麼趕、怎麼推，牠就是不動如山，睥睨地看著我。無計可施之下，我只好請出教練——不可思議！只見教練使個眼神，牠便「立馬」移去別的位置，像沒事似的繼續啃著乾草，一派輕鬆。這齣欺負新人的戲碼天天上演，直到兩週後才落幕。

馬術俱樂部的馬主要是讓人騎乘，所以身為實習生除了照顧馬，還要備馬給客人騎。備馬的其中一個環節是清馬蹄，因為馬蹄裡卡了很多細草和土壤，必須在每次騎乘前清乾淨，同時要檢查馬蹄的狀況。

有些馬很配合，拍兩下腿，就抬起腳讓我清理馬蹄。有些馬卻很明顯地耍賴，我使盡吃奶的力氣也抬不起牠的腳，而且我越是用力想推動，牠反而更將身體重心壓在我要清理的這一側。

原本我心想是這些馬又在捉弄我這個新人，疲累又沮喪，直到同樣請出教練後才學到破解之道：原來想要馬抬右腳，你就去推牠的身體左側，如此一來，牠會將重心擺在左腳上，你便能輕鬆地抬起右腳了。

事情有時就是這樣，**越是執著於某個點，越會使情況僵化，當你換個方向施力，卡住的結反而解開了。**

因為愛馬而來到馬場實習，然而在這裡所見的馬兒狀況讓我心疼不已。馬場的馬匹大多有職業傷害：由於長時間被騎乘，許多匹馬都出現背部肌肉腫脹或腳踝腫脹的狀況；也有一些馬因為天氣炎熱，皮膚反覆脫毛、破皮、結痂，再加上馬鞍的摩擦，一直沒辦法痊癒。

這些馬兒擁有名貴的血統，價格不菲，就好像名貴的跑車般被進口至此地，每天按表操課，滿足人類的駕馭欲望——直到有一天跑不動了，就在這個小小的地方終老。牠們很可能一輩子沒有在寬闊的草原自由地奔跑過。

那段時期，在馬場常看到全身名牌的馬主與馬的互動，**他們對待馬兒的方式，好像馬兒不是生命，只是他們購買的奢侈品之一罷了。**

長頸鹿、大象：南非的原生動物

實地近距離接近貨真價實的「野生」動物，則是另一次校外實習，大三時，我參加了南非Pretoria大學舉辦的「國際獸醫學生研習營」，為期兩週的時間，與世界各地的獸醫學生一同學習各種野生動物的知識。我抱著極度興奮的心情飛往南非。

其實你我對南非的動物並不陌生，像是長頸鹿、大象、犀牛、河馬、獅子等常出現在動物園的動物，或是電視的「Discovery（探索）頻道」播放動物奔馳於大草原的畫面。然而當我抵達這些動物的家鄉，與當地的獸醫系學生一同學習時，才真切地感受到這些真的就是南非的「原生動物」。對南非的獸醫系學生來說，研究獅子、大象時，其實是在了解他們當地的原生動物。

獸醫系學生，不認識臺灣的原生動物

回過頭來看，臺灣的獸醫系首重小動物，也就是犬、貓，其次為牛、羊、豬、雞等經濟動物，再來是非常少量的實驗動物，如大、小白鼠，絲毫未見我國的「原生動物」。致使我們念完獸醫系，卻與臺灣本土的在地住民毫不相識。甚至當我畢業七、八年後在野生動物救傷單位工作時，來實習的獸醫系學生，有的不知道臺灣有「穿山甲」這種動物（牠是臺灣的二級保育動物），有的看見領角鴞（臺灣常見的小型貓頭鷹）只會叫牠「貓頭鷹」，而所有的猛禽都叫做「老鷹」。

還有一次，助理抱著大冠鷲與牠的食物經過，那是一隻活的日齡小雞（孵化後三到四天的雛雞）。

一名實習生問：「好可愛喔！那是牠的小孩嗎？」

我回答：「不，那是牠的食物。」

實習生聽了，紛紛尖叫：「好殘忍喔！」

從事野生動物醫療的畢業生，每年不到五人

即使是現在，本地的原生動物也不是臺灣獸醫系教學的主流。目前雖然已將野生動物的「保育醫學」納為選修課程，帶學生從保育的角度認識野生動物，但是仍缺少個別物種的醫療教育。

畢竟獸醫系畢業生最主要是進入臨床獸醫、藥廠、醫療器材等行業，每年從事野生動物醫療的不到五人，每個縣市的公務獸醫師僅有一至兩位。全臺灣五千多名獸醫師，從事野生動物救傷的獸醫師不到二十五人，遠不及近四千名伴侶動物

（貓、狗）獸醫師。

就市場比例來說，野生動物排不進獸醫系教學的前幾名。

但是這樣的教育內容真的好嗎？

獸醫師不只是為動物治病，我們所學的包括人畜共通傳染病、預防醫學、寄生蟲學等內容，涵蓋了人、動物與疾病三者。對於各類公共衛生及新興疾病（比如讓人聞之色變的COVID-19），有時獸醫師看的角度比許多人醫還廣。野生動物的保育程度及策略，往往也與疾病的傳播有密切關係。

若能從獸醫系的教育著手，培養更多在公共衛生、保育醫學、預防醫學上的人才，整個國家的健康及衛生勢必能有更強大的發展。才不至於讓屈指可數的公務獸醫師被遊蕩犬貓、棄養、經濟動物等如山高的業務，壓得喘不過氣。

如果在獸醫系的學生就學期間，能夠增加各種類別的學科及實習機會，並且增加各個專業領域的實際業務內容與產業發展，或許可以讓學生有更多的選擇，培養更多不同面向的獸醫專業人才。

PART 2

與人類爭命

傷痕會說話
最難處理的野生動物傷勢

在野生動物的各種傷勢之中，我認為最難處理的就是遭到其他動物的撕咬攻擊，因為那會讓身體支離破碎，我們連要從何開始修復都無處著手。而且體型越小的動物，被救回的機率越小。

獼猴的頭頂有兩個洞

曾經收到民眾送來一隻臺灣獼猴的幼猴——牠的頭頂有兩個洞！

「在我發現這隻小猴子的附近有猴群……牠會不會是被大猴子咬的？」民眾猜測。

可是獼猴的習性是整個大家族一起生活，媽媽、阿姨們都會幫忙顧小孩，公猴也會與幼猴互動及玩耍。小猴子會被家族裡的公猴咬穿頭骨的機率極小。

莫非是媽媽已經遭遇不幸，這隻落單的幼猴遇上了陌生的猴群？還是遭到其他猴群挑釁，家族中的大公猴被篡位了？如此一來，幼猴才有可能被新的大公猴攻擊，但這樣的情況通常是致死。

然而聽民眾的描述，應該都不是這些複雜的狀況。那麼，究竟是怎麼回事？

被玩弄的獵物

幼猴被送來時還活著，但已然失去該有的活力和警戒，癱軟在我手中，任我檢查傷勢。

傷口是兩個直徑不到一公分的圓洞，兩個洞的間隔約五到六公分，刺穿頭骨，破壞了腦組織。看這傷口的大小，若為公猴所致，稍嫌小了一點。我研判很有可能是遊蕩犬造成的傷勢。

幼猴機靈的動作很容易引發犬隻的攻擊天性，通常不是為了獵食，單純只是把玩獵物罷了。從傷口的大小和距離看起來，大概是中型犬所為，幼猴那顆只比網球稍大一點的頭骨，正好完美地符合犬隻的嘴巴。

這隻小猴子很有可能是稍微離開母親，在較接近地面的地方探索，卻遭到攻擊。由於狗通常是成群活動，所以儘管眼見小孩被狗攻擊，但面對大批的犬隻，母親恐怕也無力搶回，只好心痛地隨著猴群撤離。

遭玩弄後的獵物失去了活力，狗群便轉往其他地方找樂子去，留下孤零零的幼猴。

「要是牠沒有被人發現……」我不敢再想下去。

天人交戰的那一刻——安樂死

傷及腦部的創口，已嚴重損及幼猴的行動、智力、認知、學習等能力。我心知即使動用任何高級的醫療方法挽回了牠的性命，卻很有可能讓牠就此面對殘障的餘生——這也表示**這隻野生動物無法再回到野外生活**。這令我陷入天人交戰。

就理性腦來看，臺灣獼猴所扮演的角色是維持森林間的種子傳播、促進發芽。有研究表示，種子可藉由獼猴的進食、消化、排出而增加發芽的機率，也有研究顯示透過獼猴的移動，種子可被帶到距離原本植物幾公里外的地方，如此一來可增加植物的繁衍機會，並增加植物的多樣性。被圈養的獼猴，無法扮演好牠在生態界的角色。

而從感性腦來看，一隻能力有障礙的獼猴，在往後的生活中，可能會因行動不便而受傷；可能由於無法自行進食，得由人類長期灌食；可能因為生理的傷，需要每天用藥；也可能因為不明白自己的遭遇而產生心理創傷，終生只能待在小籠子內，或被鏈子鏈著度過，如果性格因而變得暴戾，甚至很有可能遭到不人道的對待……

就生存福利而言，我實在不忍心見一個生命從一開始就如此悲慘。我選擇以安樂死作為小猴子最後的解脫。

有個殘酷的事實是：**許多受到其他動物攻擊的動物，最後不是死亡，就是遭到安樂死。能被救回來的，只有傷勢真的很輕微的。**

幸運的生還者，可遇不可求

除了狗的攻擊，我也曾經收治過民眾從貓口中救下的斑鳩。貓的攻擊和狗有些不一樣。部分在外遊蕩、沒有人餵養的貓的確是抓獵物回去吃，所以會很認真地埋伏、出擊，帶回獵物。但一些有人餵養或是放養的貓則是天性驅使，抓了獵物又放開，看獵物動來動去、滾來滾去，把牠咬回來，又放開……來來回回，直到獵物沒有力氣或死亡。所以若能在第一時間從貓的口中搶下獵物，的確還有救回一命的機會。

就像診療檯上的這隻斑鳩，牠很「幸運」地只有食道前的嗉囊破裂和幾處撕裂傷，透過手術縫合，悉心地照顧傷口，幾天後就可以回復健康並野放回家。

但這樣的案例實在是可遇不可求。大部分都像是那隻幼猴的遭遇，或是我印象最深刻的一隻山羌。

死亡並不是結束

山羌是遊蕩犬常見的攻擊對象之一，由於體型和動作都太適合作為中、大型犬

的獵物，當成群的遊蕩犬遇到靈動的山羌時，不免會發動一陣追逐，一旦咬到之後，便會啃咬牠全身各處。

有一回，民眾目擊一隻山羌遭到成群的遊蕩犬攻擊而奄奄一息，緊急把牠搶救至我的手術檯上。

這是一隻成年山羌。牠的後腿後方被撕裂得像是炸開了一樣，這種大面積損傷會導致肌紅素大量釋放到血液中，使得腎臟無法負荷而產生急性腎衰竭。

再者，山羌是一種非常容易緊迫的動物。從攻擊事件、運輸再到醫療，無一不讓牠處在緊迫當中，而發生草食動物極常見的「捕捉性肌病」[4]，也同樣會導致腎衰竭，是一種死亡率極高的疾病。

眼見傷勢已經影響到這隻山羌的整體臟器功能，且各項生理數據都不佳，我們判斷牠是無法熬過醫療過程的，最後只能選擇安樂死，讓牠解脫。

4.「捕捉性肌病」好發於野生動物及草食動物。在緊迫的情況下（如因獵捕、保定、飼養環境不當等因素所造成）使肌肉代謝，造成體溫過高，產生大量乳酸，造成乳酸血症、急性腎衰竭等。臨床症狀常見肌紅素尿，死亡率極高。

不過對獸醫師來說，眼前動物傷患的死亡並不是結束，安樂死執行完畢後，我們還有檢查要做。由於動物全身往往有大量的毛覆蓋，難以看到傷勢的全貌，所以進行動物攻擊的檢查時，要把毛都剃光。

我拿起電剪將山羌的毛剃光，才赫然發現原來不只是後腿有傷。牠的身上，從頸部、背部、雙側面到大腿外側，布滿了一道又一道的抓痕！那一條條交錯的傷痕，讓我聯想到古裝劇中犯人遭鞭刑後，背上出現那一條條泛著鮮血的傷痕。

我不敢想像這隻山羌死前承受的恐懼有多大。

當一隻「大貓」想要找你玩

正因為看過太多被動物攻擊的傷勢，當自己被動物抓咬的時候，就會怕得頭皮發麻。

一天，我回到老東家動物園去探望同事。老同事很熱心地跟我說：「你去年養的那些小獅子都長得很大了耶！走，我帶你去看看牠們。」

我興奮地跟著同事的腳步走向後場，也滿心期待。回想起自己曾經為二十幾頭

小獅子把屎把尿了大半年，雙腳隨時有著跟牠們「玩」出來的五、六十個瘀青，默默在心中希望這群小傢伙還記得我。

果真，每頭小獅子一看見我都擠到籠邊，對著我哼哼叫。我走近時，還把頭塞到我的手掌中，可愛得讓我心中被暴擊好幾下。

因為實在是陸陸續續養大太多頭了，我沿著籠子邊一一探望每位小朋友，突然間感到大腿後側一陣劇痛！

轉頭一看，有頭小獅子正以天真又無辜的眼神，一臉欣喜地望著我，牠的前腳放鬆地掛在籠邊。

原來是約莫五十公斤重的牠伸出了前爪，想要摸我，不是抓獵物的那種力道，牠真的只是想要輕輕地摸我，引起我的注意——但牠不知道這「輕輕」一揮，一隻前爪已經穿過褲子，插進我的大腿肉裡！

剎那間，我的眼前出現人生走馬燈。獅子的爪子和貓一樣可以伸出來，而且是彎的，就像虎克船長的鉤子。要是用力把爪子扯開，或是牠受到驚嚇而猛力縮回前腳，我的肉肯定會被掀起一大塊！

在那當下，我極力保持冷靜的態度，但聲音充滿驚恐，催促同事將爪子順著弧度轉出我的大腿。

幸好，他們順利地把爪子轉了出來。我伸手一摸，這才發現後腿都是血，肇事的小獅子卻還是一副「要跟我玩了嗎」的表情，有夠可愛，但我有夠痛的！

我趕緊往外走，準備去看醫生，這時眼前一黑，我暈倒了。不是因為傷勢太嚴重，而是腦海突然冒出肉被掀起來的畫面把我嚇暈。

為了安全起見，同事趕緊把我抱出獅籠區，放到路邊，拚命地叫醒我——問題是，那是一條遊園巴士會經過的路。當我睜開眼睛，第一眼見到的是遊園巴士剛好駛過，整車的遊客都看著我暈倒在路邊，還有人在拍照！

很慶幸這回的動物攻擊沒有任何動物被安樂死。當天我想安樂死的只有我的自尊而已。

營養失衡的受害者

一場最令人不捨的悲劇

人類的血液裡流著親生命的基因，當手中捧著一隻毛茸茸的小生物，很容易讓人憐憫之心油然而生，興起「養牠吧」的念頭。

許多人以為養動物很簡單，不過實際上單從營養的角度來看，野生動物不如貓、狗好養。野生動物的食性很複雜，並不像人類培育出來的狗、貓已經累積足夠的數據，可以使用商品化的乾糧過一輩子。

在動物醫院，常遇到飼主直覺式地認為松鼠該吃核桃、鳥都吃米、烏龜有水就好……這樣養了幾年，直到發現家裡的動物精神不佳、食欲下降，好像突然生病了，送來醫院一檢查才發現骨骼變形了！其實這些多半是經年累月的「營養失衡」所造成。

松鼠，精神下降

在動物醫院的門診，每當看診的預約單上寫著「松鼠，精神下降」，十次裡面有八次被我料中，患者是得了一種叫做「營養繼發代謝性骨病」的疾病。

松鼠是很常見的野生動物，只要有樹的地方如公園、美術館、森林遊樂中心等等，隨處可見牠們在樹枝間穿梭。可想而知，牠們的食物都是從這片樹林間獲得，像是樹上的果實、小蟲、掉落在草地上的種子等，食物來源多樣化，整天都可以取用，更可以隨著季節更迭而轉換菜色，搭配繁殖週期，獲得最適合當季的營養組合。

可是人為飼養的松鼠，要能夠百分之百符合這樣的菜單供應幾乎是不可能的。有多少人整天有時間去樹上、草地間尋找合適的果實？就算真的找回來，松鼠挑挑撿撿的，也不一定照單全收。如此花費時間和勞力的餵食方式，不可能是養寵

物的方式。

於是，人類的食物就開始介入了：甜度破表的蜜蘋果、夏季盛產的愛文芒果，冬天吃個柑橘好了……都是甜度極高的水果，與野外的高纖、低熱量食物完全不一樣。再加上松鼠的活動力極強，成年後有可能出現攻擊性，體型小、動作快，主人抓也抓不住，只好把牠關在大籠子裡，白天曬不到足夠的陽光。

這就像我們成天癱在沙發上，吃著巧克力、洋芋片、起司漢堡，並且整天不運動一樣，健康狀況會隨著這樣的生活型態而亮起紅燈。

被飼養的動物沒辦法選擇自己要過什麼樣的生活，只能任由人類支配。

對不起，人類把你養「壞」了

這天，被帶來我面前的是一隻剛成年的松鼠，以這個年紀來論，牠的身形看起來小了一點。

飼主全家都到場了，由爸爸代表發言。他一臉擔憂地說：「我們家的松松本來都很活潑的，怎麼突然間精神變差了，動都不想動？」

先看看松鼠的外觀，眼神十分有神，不像是過度虛弱造成的活動下降。於是我按照慣例從飼養的細節問起，包括：養了多久？養在哪裡？每天的正餐吃什麼？點心又是吃什麼？有沒有給水？每天曬多久太陽？……一點點的細節都不放過。

原來這家人在松鼠還是小寶寶的時候撿到了牠，小時候是餵奶，把牠奶大了之後，開始提供水果。動物也像人一樣愛吃甜度高的水果，這隻小松鼠就特別喜愛蘋果、香蕉。

問題就出在這裡：雖然也有給牠堅果吃，不過因每天攝食香蕉，食物中的鈣磷比失衡，導致體內的鈣質過低，於是骨頭裡的鈣質被提出來使用，使牠的骨頭變得不夠堅固。一照X光，發現牠有多處骨頭扭曲變形了，甚至有些骨頭出現折痕，即將斷裂。

「那怎麼辦？松松會好起來嗎？」飼主小孩問。

面對憂心忡忡的一家人，我告訴他們：「你們從現在起就要幫松松更換食譜，必須讓牠多樣化地攝取不同的果實類、漿果類、少量添加穀物，以及部分蟲類。並且，每天最好可以接觸陽光至少八小時。這樣子改變才有可能保住牠的性命。松松是因為骨頭變形了，全身都很痛，才會不想活動。」

更改食譜後，儘管骨頭無法恢復原狀，但至少可以有一副堅硬的骨骼使用，否則最後將會影響到身體其他器官的功能，步向死亡。

我為這隻松鼠感到幸運，這家人經過這次看診，很清楚地明白自己把松鼠養壞了，感到萬分不捨並自責。他們承諾回家後會用功地蒐集資料，盡力為牠提供更好的營養。

第二次回診的時候，看到松鼠恢復元氣，變回原本好動的模樣了。飼主一家人還七嘴八舌地跟我分享他們提供了哪些食物，以及如何在家裡營造一個適合松鼠的居住環境。

我想，雖然這隻松鼠沒有辦法回到野外，但至少遇到了願意為牠付出的一家人。

被圈養的動物，沒有自由選擇食物的權利

每每遇到動物「被養壞」的案例，我總是不厭其煩地反覆提醒飼主和保育員：

每一隻被人類圈養的動物都沒有自由選擇食物的權利，牠若想活下去，唯有將眼前的食物吃掉一途。

但我們太常忽略這點，也忽略了健康檢查的重要性。如果沒能定時地做健康檢查，多年下來，動物有可能突然變得虛弱，因為長期營養失衡壓垮了支撐牠身體的最後一絲氣息。

然而，這樣的悲劇還是一再地發生。

這頭馬來熊，吃了三十年的人類便當

有一頭被人私養了將近三十年的馬來熊，終年生活在只有自己的體型兩倍大的籠子裡，每天吃人類的便當，廚餘和糞便就落在籠內，堆成一座小山丘。直到民眾檢舉，馬來熊這段悲慘又不人道的漫長牢籠生活才終於劃上休止符。

經過一番交涉，飼主總算願意把熊交出來。然而對於自己的飼養方式，他沒有太多反省，好像給馬來熊吃便當是他所能給牠的最好選擇。

到了我們要帶走牠的那天，飼主也沒有說什麼。將近三十年的陪伴，對於飼主而言，卻彷彿只是家門外大樹底下的一堆雜物罷了。

我和夥伴麻醉了熊，經過一番努力才解開三十年來從沒開過，卻因害怕馬來熊脫逃而逐年累加在籠門上的鐵絲。

這頭熊有點胖，腹腔摸起來明顯有很多脂肪。我採了些血液樣本，做了基本的理學檢查，發現除了過胖，牠的牙齒也因為攝食不正確而填滿厚厚的牙結石，導致有嚴重的牙周病。我想牠應該很不舒服吧。

我們把牠帶回我當時工作的野生動物救援組織，進入特別準備的個人檢疫套房後，讓牠從運輸籠出來。

一輩子沒有觸碰過地板的牠，從籠子出來的時候小心翼翼，前腳碰到地板時，彷彿是感到有點不真實，牠頻頻抬起腳，好像地板有黏膠一樣。

患了嚴重白內障的牠努力地嗅聞著新家。一開始直線沒能走超過兩步，漸漸地，腳步雀躍起來，這邊聞聞、那邊爬爬。突然發現房間內有泳池，牠用前手碰了碰水，然後毫無懸念地往水裡跳，像個小孩一樣。

水花噴濺，看著牠想用嘴巴咬住落下的水滴，彷彿在填補牠「熊生」逝去的時光。

這一刻感動了現場的所有人。但同時，我卻為自己的同類感到憤怒：**因為一場交易，一個生命被人從馬來西亞的森林帶到臺灣的鐵籠裡，一關三十年……人類，憑什麼?!**

我們幫牠清除掉厚重的牙結石、拔除無法再使用的牙齒，並進一步地做了更完整的健康檢查。不意外地，這頭吃了三十年臺灣便當的熊，血液中的膽固醇過高，並透過X光確認心臟出現肥大的症狀。

我特別對保育員交代牠的飲食需清淡。

「我們要讓牠的下半輩子過得健康一點。」

很令人開心的是，吃慣了油膩食物的馬來熊並不排斥清爽的蔬菜、水果。如此一來就更惹人憐，這麼乖的一頭熊，竟然遭到這麼不公平的對待。

讓動物主宰自己的生命

然而，由於心臟肥大問題是不可逆的疾病，這一段新的熊生，牠只過了短短幾年就離世了。

但我想，至少我們在牠生命的最後一段，帶牠認識了其他的食物、牠過世前最愛的水池，還有牠腳下踩的泥土……

親愛的熊熊，望來生，你可以做一個**能夠主宰自己生命**的生物。

營養小失誤，影響動物一輩子

最好的飼養方式，就是「不飼養」

飼養野生動物真的不像想像中那麼簡單。就連經驗豐富的保育員有時也會忽略掉一些重要的細節，情況嚴重者，可能會造成不可挽回的悲劇。

長臂猿連續死亡事件

我在野生動物救援組織工作時，有一陣子，中心陸續發生長臂猿突然變得虛弱並下痢的問題，三天兩頭就有一隻長臂猿被送進診療室。

雖然每一隻都沒有太特異的症狀，就只是虛弱、沒精神、沒食欲和拉肚子，然而無論我們如何為牠們止瀉、提供營養，最終都令人遺憾地無法救回，出現症狀的長臂猿一一死亡了。

我們將死亡的長臂猿送往解剖，後來收到報告，上面寫著：「血鐵沉著症」。這種疾病，人類和非人類靈長類（如長臂猿）都會得。不過，人類大多是因為慢性疾病需要長期輸血，攝入過多的鐵而造成的。

但是在非人類靈長類身上，這是一種因圈養而發生的疾病，更精確地說，是由於飼養管理錯誤所導致。

有某些類型的靈長類容易因為維生素C攝取過量，導致鐵質被加速吸收，進而過度累積在體內。這些無處可去的鐵都沉積在肝細胞之間，使得肝細胞被不斷地擠壓，最終造成肝功能喪失，動物就像慢性肝病的患者般容易感到疲累，最後死亡。

一收到解剖報告，我馬上通知負責照養靈長類的保育員們挑出食譜中含高維生素C的水果，像是柑橘類、芭樂、木瓜等等。

除了即刻調整食譜之外，我們也立刻針對還沒有出現症狀的長臂猿，檢驗每一隻體內的鐵含量，過高的馬上進行鐵螯合劑治療（chelation therapy）或最簡易的放血治療。

「放血」？這聽起來有點可怕，其實是在身體可容忍的範圍內，抽出一部分的血液。由於血液中攜帶了大量鐵質，若要將鐵質移除，這是最直接的方式。

在大家的努力之下，長臂猿死亡事件終於告一段落。

正當我們鬆一口氣的時候，卻傳來有紅毛猩猩倒下的消息。

病因不明的紅毛猩猩

「呼叫獸醫！請來紅毛猩猩籠舍看一隻猩猩，牠趴在地上，不會動了！」收到保育員疾聲呼叫，我三步併兩步地衝去籠舍。到底是怎麼回事？前一天看起來還好好的，今天怎麼突然就倒下了？

眼前的紅毛猩猩癱在地上動也不動，但胸廓的起伏顯示還有呼吸。我將牠的一隻手拉出門外做醫療處置。儘管牠暈倒了，但畢竟沒有麻醉，還是不要貿然地帶

出籠舍外，萬一牠在過程中突然清醒，很可能會發生嚴重的動物脫逃事件。

短短時間內，我們為紅毛猩猩採血送檢，並替牠安置好靜脈輸液的留置針，以便有需要時可以即時打點滴。過了幾分鐘，牠醒轉了，漸漸清醒之後，甚至把身上的針給拆了。無論如何，牠總算是恢復了力氣，令人暫時鬆一口氣。

這時血液報告送到了，有好幾項肝臟的相關數據都爆表，且蛋白質低下——這肯定是肝臟出了問題。但症狀來得這麼突然，會是急性的嗎？我心想，看來該好好地替牠安排檢查一番。

怎料隔日猩猩再度倒下，這更讓我憂心案情不單純。

這不是正常的肝

這次我們把牠移到較小的籠子裡以便進行醫療檢查，同時先對症治療，至少要先維持好生命，再來探究病因。

接下來的幾天，虛弱的猩猩沒有再拆掉打點滴用的留置針，但保育員憂心地說：「牠吃什麼就吐什麼，怎麼辦？」

牠若吃不下任何食物，單靠點滴是沒有辦法痊癒的。我們得趕快查出牠無法進食的原因。

由於猩猩的體型龐大，現有的X光或超音波設備都用不上，我說：「與其東猜西猜，不如乾脆做電腦斷層掃描吧，短短幾分鐘就可以把體內的狀況看得一清二楚。」

結果一掃描，發現牠有食道裂孔疝氣——有一部分的胃從食道穿過橫膈的洞，脫出到胸腔了。

雖然脫出的胃只有一小坨，但已經嚴重影響到紅毛的進食意願，唯一的方法就是動手術治療。不過肝指數這樣居高不下，麻醉的風險非常高……

經過多方考量，最後還是決定動手術，幸好是很順利地完成了。

然而在手術時，發現牠的肝臟顏色是偏白、帶橘，並且腫大。

我在心裡暗叫不妙，這不是正常的肝。

猩猩的腸子掉出來了！

手術後，紅毛總算度過關鍵的前三天，日夜輪值守護以防牠摳傷口的保育員們

也懸著心，睡眠不足地跟著煎熬了三天。但原本看似安穩的情況，卻在第四天急轉直下。

那天午後，有位保育員奔來診療室求援：「猩猩的腸子好像掉出來了！」我趕緊備好東西衝至現場。只見猩猩又呈現昏迷的狀態，看來是牠摳了自己的傷處，結果把傷口打開了，部分的腸道裸露在腹腔外。

下午剛好是保育員的打掃及餵食時間，他懊惱地說：「不是都順利地度過危險期了嗎？怎麼才離開牠短短的兩個小時就發生悲劇？」

看著猩猩的傷口，我回想起血液檢查結果及手術中看見的那個肝臟，告訴自責的保育員：「就算傷口可以順利癒合，但牠的肝臟其實早已出了狀況，最後還是有可能帶走牠的性命。我想，我們不要讓牠再承受反覆的痛苦了……」

於是那個下午，我們一起送走了猩猩。

死亡的猩猩被送至解剖室，一週後，肝臟檢驗的報告出爐：「血鐵沉著症」。

就連經驗豐富的保育員都有可能因為營養的失誤，影響到動物一輩子的健康，所以**飼養任何動物都必須審慎地思考，做足功課，因為自責也無法挽回動物的生命。**

「吃什麼」，是野生動物救傷的難題

由於動物的種類五花八門，在野生動物救傷的案例中，的確也會遇到無法在第一時間知道該餵什麼食物的難題。面臨這種情況，一時也只能參考相似的物種，尋找替代的食物。

只不過，短期幾天或許可以度過，就像人類也可以連續三天只吃洋芋片無礙。但長期下來，問題將會一一浮現，我去越南支援時接觸的懶猴便是一個實例。

為什麼這些懶猴會虛胖？

越南的「瀕臨絕種靈長類收容中心」在運作初期發現，機構內的懶猴體態都滿胖的，但體重都不重。白話一點說就是大家都「虛胖」。

中心收容的懶猴因為療傷或需要採集樣本，過一段時間之後才能野放，最長的期間會飼養兩到三個月。每回赴當地為懶猴進行定期健康檢查時，我都會提醒中心的工作人員：「這些懶猴體內的鈣磷比都不好，這樣長期下去，健康可能會出現問題。」

但由於在二〇一四年時，懶猴對於人類來說還是一種神祕的動物：牠們是唯一有毒的靈長類，體型嬌小，通常只有三百至五百克，又是夜行性動物，不太發出聲音，所以很難在野外目擊到。想當然耳，沒有人知道牠們究竟吃什麼。以往不外乎是餵食水果、加上一些小型的節肢動物，但無論怎麼調整，體態和鈣磷比都不符合正常值。

幾年過去，隨著野放的懶猴越來越多，研究員藉由追蹤更多的懶猴在自然環境下的習性和食性，發現懶猴雖然是靈長類，但是原來並非所有靈長類都愛吃蔬果！回到野外的家，懶猴最愛的食物是「樹脂」。樹脂富含高纖維、高鈣磷比，而且對於腸道寄生蟲有抑制的效果。

好在當地人會把樹脂泡水加糖當茶喝，所以有販賣乾燥的樹脂。這樣一來，餵食的難題解決了，中心人員以乾燥樹脂泡水變軟之後，塞在木樁裡餵給懶猴吃。此後我為牠們做的每一輪健康檢查結果都很漂亮，再也看不到虛胖的懶猴，每一隻都結實精壯。而且神奇的是，以往體內的寄生蟲好似怎麼樣都殺不完，現在卻幾乎用不到驅蟲藥了。

更有趣的是，我一直很納悶為什麼懶猴都是下門牙暴牙，和其他的靈長類不一樣，原來這排門牙是要用來刨除樹皮，獲取樹脂的。

一切的疑問都得到解答了。雖然知道這些冷知識對人生沒有太大的幫助，但是一想到如此美麗的生物，以大自然創造出來的型態活在自然環境下，動物和環境如此完美地搭配，每每令我為地球上的萬物感到驚嘆。

為動物找到最好的生活方式

這個世界，總有人會不帶大腦地飼養一些珍禽異獸，但也總有一派人默默地努力為動物找到最好的生活方式。這種情況會不斷地拉扯，端看自己選擇什麼樣的理念遵循。

飼養野生動物沒有十全十美的方法，人類畢竟無法提供百分百符合大自然的環境。其實**最好的飼養方式就是「不飼養」，因為野生動物是因這片自然環境而活，而自然環境是因野生動物得以永續。**

讓臺灣黑熊重返山林

野生動物最嚮往的自由

因為對於獅子情有獨鍾，所以在私人動物園工作期間，我自告奮勇地搶下了非洲獅的負責獸醫師位置，其他的大型肉食獸如老虎、黑熊等也都由我醫療照護。雖然面對的是大型凶猛動物，但總覺得不算太困難，因為支援人力充足，身為獸醫師的我只要用吹箭把麻醉藥注射進動物體內，接下來只有搬運是費力的工程。那時在我看來，睡著的猛獸就像放大好幾倍的狗或貓，甚至比對草食獸進行醫療處置還簡單。直到離開動物園後，才發現野外另有一片天。

初入生態保育界

我的人生中第一頭在野外麻醉的黑熊，是二〇一九年，與知名的黑熊研究學者黃美秀老師的團隊一同上山時所遇見。[5]

當時初入生態保育界的我從來沒有認真地爬過山，然而進行黑熊的研究必須直入深山至少四、五十公里，這趟路程對我來說永生難忘。身為獸醫師雖然看過許多動物，但很少見到「野外」的健康動物：驚鴻一瞥的山羌，一群青背山雀飛過頭頂，一處被野豬拱過的泥地……讓我深切體認到眼前的這些動物、植物，便是有生命的山靈！

不過，每天等待著捕捉到熊的忐忑令我備感焦急。因為我是團隊裡唯一的一名獸醫師，一旦黑熊落入我們特製的陷阱，我就是負責打頭陣去麻醉牠的人。

以往在動物園，籠子裡的黑熊由於長年受人飼養，早已對人類放下戒心，要進行麻醉時，我往往只需要與保育員溝通好會從何處吹箭，保育員通常都可以讓黑熊待在指定的位置。牠們中了吹箭後，也不用害怕牠們會攻擊人，畢竟我們與熊之間永遠有一道鐵籠隔開。

但是聽說野外的熊會拚了命的急著想從陷阱中掙脫，而不顧一切地想要撕爛在牠眼前的那個人。所以在執行任務期間，只要有空檔，我就拿著麻醉槍到空地練習，祈禱真的碰上黑熊時，自己能夠百發百中，不要當個豬隊友。

黑熊來了！

逐漸習慣了山上日出而作、日落而息的生活，但眼看自己隨隊支援兩週的期間即將結束，一方面惋惜沒能抓到熊，另一方面卻也不禁鬆口氣，心想：「幸好不用赤裸裸地面對那頭上百公斤的猛獸。」

此時，呼叫器突然傳來令人腎上腺素暴增的消息：

「抓到黑熊了！」

---

5. 黃美秀老師率團隊自二〇〇八年開始，歷經十一年的黑熊研究調查實況，由麥覺明導演團隊攝製為《黑熊來了》紀錄片。

全員瞬間繃緊神經地確認要帶的工具，我則是按捺著發抖的手，仔細清點麻醉藥物等醫療用具。人生第一次在野外麻醉臺灣黑熊的任務即將解鎖！

離死神最近的一次

步行到定點，遠遠地看見一個小黑點窩在陷阱處不動，方圓可及之處都被牠極力想掙脫時掃平了。

一位研究員在遠處吸引黑熊的目光。我沒有太多準備時間，拿著麻醉槍先走近些，估算牠的體重約為一百公斤（成年黑熊的體重範圍，母熊比較輕，大約六十公斤，公熊則可能會破百），便抽取相應劑量的麻醉藥、備好第二支麻醉箭，緊接著悄聲走到黑熊視線外的一棵樹後方，舉起麻醉槍瞄準——擊出！

然而第一發麻醉箭從黑熊的脖子上飛過，我立刻再次調整角度，這是最後的機會了。深吸一口氣，屏住呼吸，擊出第二發——幸好，不偏不倚地擊中牠厚實的頸部肌肉。

放下麻醉槍，我止不住激動，抖著手開始計時……七分鐘後，預期黑熊已進入

深層睡眠，便與另一名研究員上前測試牠的麻醉深度。我拿起棍子重重地敲擊後腿及背部，都沒有反應，於是向大家比出「OK」的手勢，示意可以上前操作。可是正當我走到熊頭旁，剛拔下麻醉箭，眼前的龐然巨物猛然地「吼！」了一聲。

那短短不到一秒鐘，我清楚地看到牠口中的森森銳齒及牽絲的口水……

那個畫面，我這輩子都忘不了！

我們兩人嚇得失魂，我跌倒在地把麻醉槍都跌歪了，連滾帶爬地狂奔逃離到樹後面，只見牠又趴了回去。

任務分秒必爭，必須讓這頭壯碩的黑熊睡得更沉才行。但麻醉槍已經不能用了，只能改用吹箭，貼近牠身體去射入麻藥。我雙手抖得更厲害，一邊祈禱牠繼續乖乖地趴著，一邊靠近牠的臀部——幸好，順利吹入了麻醉針。

這恐怕是我離死神最近的一次。不過此後在野外麻醉黑熊時，我再也不會手抖，畢竟黑熊的嘴都離我那麼近了，還有什麼更可怕的。

比黑熊大嘴更可怕的是——人

但後來我發現比臺灣黑熊的大嘴更可怕的，是人。

某天下午接到一通急電，在臺東關山的崁頂部落，有人通報發現一頭中了陷阱的黑熊。那時我和同事才剛結束臺北的工作，隨即直接驅車前往，近五個小時的車程，抵達時已過晚上八點。

黑熊被卡在一處陡坡的套索陷阱中。牠的體型不大，研判只有四、五十公斤，還是頭小熊。

我覺得牠的狀況有點不尋常，因為大部分中陷阱的黑熊感覺到有人靠近會明顯地焦躁不安，但牠並沒有。相反地，牠蜷縮著，不是很想移動身軀。

同事用吹箭吹出一劑麻醉針，準確地射中小黑熊的後腿。太奇怪了，被吹箭擊中，牠也沒有太大的反應，只是嚇一跳般的抖一下。

「到底是為什麼？難道是因為在陷阱裡許多天，身體狀況不佳嗎？」我疑惑地心想。

將麻醉的牠救出陷阱後，細看發現被套索套住的腳掌腫脹且紅得發黑。臺灣黑熊若少掉一隻腳，嚴重者可能影響到爬樹技巧、狩獵技能，甚至導致其他的健康肢體使用過度而耗損，所以面對臺灣黑熊，我們能多留下一根腳趾是一根。但同事緊急處理傷勢後，難過地搖頭說：「這隻腳掌可能保不住了……」

順著肩膀往下摸，注意到左前肢有血跡，一翻開毛皮，赫然發現有個正在不斷冒著血的傷口，是一個很齊整的圓形創口，直徑不到一公分。像這樣的傷口，全身竟然有三處。

很顯然，**有人用槍射傷了這頭被困在陷阱裡的黑熊。**

為什麼？

怎麼忍心？

誰狠心射傷陷阱裡的熊？

把小黑熊救回野灣醫院時，已經是半夜了。我們誰也沒有睡意，繼續討論當晚所見。一位同事心痛地問：「**到底是什麼樣的情況，會讓人對這頭已被困在陷阱中的動物開槍呢？**」

這個問題讓人無言以對。

站在我們保護動物的角度思考，會認為很殘忍，動物根本無法逃開，此時開槍根本就是要致牠於死地。

但另一方面，我試著站在地主或放置套索者的立場思考：由於事發地點離人類聚落很近，且附近有果園，是否因為臺灣獼猴或野豬等野生動物滋擾，導致農損，農民遂以陷阱捕捉動物，希望降低作物的損失。但誰也沒想到會在海拔這麼低的地方抓到一頭黑熊。那個人是否因為受驚而開槍？還是害怕捉了黑熊會受罰，想要滅口卻都沒有打中，怕觸怒山神，只好通報？

可能性太多種，有時候並不是單純的惡意這麼簡單。人民的生計、法律、政策、心理反應等等都有可能是觸發開槍的原因，但因為沒有證據，所以無法究責。

這天正好是我的生日，小黑熊成了最特別的生日禮物。我許下生日願望：「嵌頂黑熊，希望你經過治療後，能夠順利地野放回家。」

由於當時野灣協會的黑熊籠舍還不完善，所以隔天，我們將小熊載往屏東科技大學的「保育類野生動物收容中心」進行安置和醫療。抵達後，小黑熊終於能從狹小的運輸籠中出來活動筋骨，因為是一頭野生黑熊，大家都期待著牠離開籠子那一刻。

怎料牠剛踏出籠子，左前肢失去平衡而一個踉蹌。我感到不安，顯然牠的傷勢比我們以為的更嚴重！

經過電腦斷層掃描得知：套索的傷勢導致右前肢的腳掌壞死，必須截肢；下頷骨及左前肢皆中槍而骨折，還有一枚子彈卡在皮下——這頭黑熊在陷阱裡受困、害怕又疼痛，還無預警地被擊中三槍。

回想起那晚看到彈孔流出來的鮮血，理性地告訴自己：沒有證據，不能隨便怪罪人；人類也是要討一口飯吃，維護自己的家園或是自身安危，開槍有可能是出於自衛。但內心有那麼十分之一的感性，正在為這頭黑熊掉淚。

看著掃描結果，我惱怒地說：「為什麼當下不乾脆把牠打死算了！」

這些傷除了讓黑熊承受莫大的痛苦之外，後續還得面對遭人類照養的緊迫。更

無法掌控的是若傷勢無法順利恢復，這頭崁頂黑熊很有可能一輩子都無法再回到野外。

凡此種種，對於一頭黑熊來說毋寧是無期徒刑。

空有醫療方法，卻無法治療

回想起以往在動物園工作時，我天真地認為猛獸睡著後，就像放大好幾倍的貓、狗，要進行醫療並不困難。直到此刻，我才明白這些**大型的凶猛野生動物醫療之難，在於明明有治療的方式，卻無法施行。**

固定下頷骨折處的手術醫材，三兩下就被術後清醒的黑熊拔掉了。前肢的骨折也無法進行手術，因為術後的傷口護理及復健等等，都需要近距離地接觸黑熊，但牠當然不可能乖乖地接受照護。

換作狗或貓，即使牠們不懂人類醫療的用意，卻也多半能夠信賴和習慣人類。然而對崁頂黑熊來說，我們恐怕就像外星人，牠什麼情況都搞不清楚，害怕是自然的。

希望崁頂黑熊能理解，對於牠的傷勢，我們什麼都不能做，僅能將壞死的腳掌截肢，其餘的只能留待自行癒合。

讓牠自由，一切都值得

幸好，近八個月過去後，屏科大傳來好消息：崁頂黑熊通過野放訓練，骨折皆一一癒合，並且雖然少了一隻前腳，但牠還是可以順利地爬到樹梢。回家的日子近了。

野放當天，我們接牠回到臺東的家。隨著距離山林越近，牠像是聞到熟悉的氣味，在籠子內蠢蠢欲動。抵達野放點，拉開鐵門後，牠先探出鼻子嗅聞，緊接著便拔腿狂奔，消失在樹叢之間。

野放的這段三秒鐘畫面，填補了所有人好幾個月的辛苦和擔心。

我在心裡默默地對牠說：「親愛的嵌頂黑熊，謝謝你遵守了我們的生日約定，再度重返山林。」

黑熊的命運

黑熊的救援案例中，大多是因為套索的陷阱造成，也曾遇過反覆中套索的黑熊。這樣的傷害，我們每每需要在截肢與不截肢之間天人交戰：截肢可以縮短住院時間；不截肢可以留下更長的肢體，但不保證未來是否出現關節疼痛等慢性後遺症。

黑熊的命運，因為一個五金零件而難以預測。

全面禁用陷阱，是對的嗎？

野生動物救傷中，最令人感到掙扎的傷

陷阱造成的傷，一直都是野生動物的救傷治療中，最令我們感到掙扎的傷。

野生動物在自然環境中生存，四肢或翅膀缺一不可，但「陷阱」通常會導致牠們的部分肢體殘缺，程度嚴重者，很可能影響到後續的生存機會。

即便是身體再強壯的動物，卻因為瞬間的陷阱傷害，一條生命最後只能以安樂死收場。

猛禽沒有腳，就失去了生存的工具

救傷中心曾經收到一隻中了陷阱的大冠鷲，牠的精神狀態很好，不停地想反抗我們的保定。但就在牠反抗的同時，我注意到牠的右腳少掉了整個腳爪，左腳的腳爪也有缺損。

檢視傷勢時，我查看了一下牠的體態——以滿分五分來說，這隻大冠鷲是很健壯的四分，羽毛柔順又有光澤，且年紀應該不大，或許正值青年期。然而以牠雙腳的狀況來看，是無法抓取食物或長時間站立的。

大冠鷲是猛禽。而猛禽沒有了腳，就失去了生存的工具。

二〇一五、一六年左右，以3D列印動物義肢的做法正夯，考量到牠的健康狀態極佳，我們想嘗試積極治療，看看有沒有機會幫助這隻勇猛的大冠鷲重返天際。

在實際做出義肢之前，我們先使用一些簡易的包紮，讓牠練習以雙腳站立。觀察到的情況還不錯，牠在籠舍內可以用包紮的雙腳降落在平臺上，甚至踩著獵物，成功捕獲小雞。

隨著時間過去，大冠鷲漸漸習慣了籠舍的生活，但始終沒有習慣人類的打擾，只要有人進去清理籠舍，牠就嚇得四處衝撞。然而，失去雙爪的牠無法很準確地抓著網格，往往用頭去減速，使得鼻孔周圍的鼻蠟膜部位反覆地擦傷出血，羽毛也每天都會斷掉幾根。

不過在這段嘗試期間，得知大冠鷲的確能適應腳上的異物，看來靠3D技術列印義肢應該可行。

但是問題來了：萬一未來野放之後，義肢需要調整或是出狀況，我們要如何捕捉這隻大冠鷲回來呢？假使抓不回來，原本希望對牠有幫助的義肢，在野外卻有可能害死牠。

花了三個月想盡辦法，我們只能悲傷地承認，現階段沒有人力及資源能夠長時間地追蹤大冠鷲，也沒有比較實際的方法可以定期地成功捕捉牠回來，為牠調整義肢。

那麼長期收容呢？但就像清理籠舍的狀況，身為野生動物，牠無法接受人類自以為低頻度的打擾。

最後，我們只好決定使用過量的麻醉藥劑，安樂牠。

為牠施打藥劑的人是我。照顧了牠三個月，如今卻從希望墜入失望，我以聽診器靜靜地聽著牠的心跳從強而有力，到一片寂靜……

只能告訴自己：「換個角度想，儘管令我們失望，但至少沒讓這隻大冠鷲陷入被人類長期收容的絕望。」

獸醫助理忍不住落淚，我沒有安慰她，而她也沒有給我安慰，只是轉頭說：「我要去餵其他動物了。」我想我們知道一旦出聲安慰彼此，會抓不住心中那條最後的理智線。

一切仍在檯面下活動

《動物保護法》於二〇一一年增修條文，規範任何人不得製造、販賣、陳列及輸出、輸入獸鋏。許多年過去了，在救傷單位這端，獸鋏傷害動物的案例看起來確

實減少了，但實際上真是如此嗎？例如，被安樂死的大冠鷲正是中了獸鋏陷阱。

事實上，坊間仍有販賣管道。動物的傷亡縱使減少，獸鋏卻並未消失，研究員依然在山林中發現擺放於落葉草徑中的獸鋏，甚至差點踩到。不像都市遍布監視器，若有宵小，警方可透過監視器循線追查；在山林裡，研究員差點踩到的那個獸鋏究竟屬於誰，始終只有放獸鋏的那個人知道而已。

由於製造及販賣容易，追查卻極困難，因此儘管檯面上禁得火熱，檯面下的使用仍然沒有降溫。

《一隻臺灣黑熊之死》的悲劇

過去吵禁「獸鋏」，近年來則是吵禁「套索」（俗稱「山豬吊」）。比起獸鋏，套索更是難以捉摸，甚至只要用五金行的幾個零件就做得出來。

有人主張：套索陷阱如此殘忍，就不應該使用啊！然而若以「禁用」、「罰則」的方式強硬阻斷，往後受傷的動物很可能便直接消失在山林裡，連被救援的機會都喪失了。

二〇二三年有支紀錄片《一隻臺灣黑熊之死》，片子的最後，黑熊喪命於人類的槍口下——因為獵人以為誤捕黑熊會受罰，所以在野外解決了牠。若不是黑熊的身上裝有發報器，這起悲劇將永遠被埋藏在山林裡。

每頭需要救援的黑熊絕大多數是受套索所傷。但由於黑熊並非捕獵的目標物種，所以民眾發現時，多會通報救援。除了被人發現並救援的黑熊之外，森林中的自動照相機也曾錄下缺手掌或手指的黑熊身影。不只是熊，各種動物都有可能會中套索，受困於陷阱。

那麼，套索究竟應不應該被禁止使用？或者說，如何禁用？

二〇二〇年二月十一日，《動物保護法》已公告禁用套索，但在第二十一條、二十一之一條中，針對「危害人身財產安全」的狀況給予例外。原住民狩獵亦仍有保障，可不受《野生動物保育法》第十九條規範。

不可否認，這是一個人類主導的社會，生態固然極為重要，但人身安全與民生經濟的考量，還是優於生態環境。當地方農民出現作物受損的情況時，陷阱類的工具就是他們很容易可以取得用來阻擋動物的方法。儘管國外有各種友善動物的

危害防治方式，不過臺灣現行的腳步稍慢了些，運用在這方面的經費也不足以讓大部分的農民落實使用。

如此一來，陷阱的管理，就必須符合野生動物、原住民、農民等各種不同類群的需求。

因此若強力地要求全面禁用，只會造成對立。加上套索的來源難以追查，若強硬地祭出禁用規範及罰則，恐怕只會讓各種中了套索陷阱的動物，等同於被「就地掩埋」。

達成人類和野生動物的生存平衡

面對人類社會這個大熔爐，就像救傷時面對不同種類的野生動物一樣，我們必須一一盤點各個族群的生存方式，例如：農民面對農損，是否可以發展出比套索更好的防護措施？原住民面對狩獵，是否可以發展出更友善的獵具？在狩獵文化傳承上，有沒有辦法落實尊重自己的獵物？如何避免盜獵？

詳實地盤點使用套索的受眾，既然有需求，就必須面對它、改善它，而不是一味地禁用它。畢竟自然資源是由動物與人類共享，適度的資源使用，也是維持生態平衡很重要的一環。

近年來，農業部林業署推動一種「改良式獵具」，同樣是套索，但經過改良，能降低捕獵後的傷害。並推動黑熊生態服務給付計畫，若誤捕黑熊但自主通報，將獲得獎金鼓勵，有助於提高遭誤捕的獵物獲得救治的機率。

廣大的山林田野，不會有人知道是誰放了套索，禁止只是讓情況走入地下化罷了。若全面普及讓人可以正大光明地使用套索，就算誤捕了非目標物種，也可以毫不猶豫地通報救援。**執法者與使用者站在互信的角度，才能夠達成人類和野生動物的生存平衡。**

要解決環境問題，與在地居民合作才是最有效的方法。誰都不希望在任何動物身上，再發生大冠鷲之死，或是《一隻臺灣黑熊之死》的悲劇。

死了一隻穿山甲之後

安樂死，最天人交戰的三秒鐘

在私人動物園工作時，我喜歡在炎夏午後坐在美洲野牛（北美洲體型最大的哺乳動物）的壕溝旁，靜靜地看著牠們吃草。草食動物那左右咀嚼的嘴巴，搭配上規律的尾巴甩動、移動中揚起的黃橙色沙土，為炎熱的夏天帶出一股平靜。

有天正當我沉浸在這樣的悠哉中，呼叫器響起：「呼叫獸醫，呼叫獸醫！」

我連忙繃緊神經：「請說。」

「縣政府送來一隻穿山甲。」

穿山甲?!

美洲野牛突然變得沒什麼，我可從未見過臺灣的二級保育動物「穿山甲」本尊啊！

只知道牠吃螞蟻，這樣算是哺乳類嗎？還是爬蟲類？……心裡一陣驚慌：我該怎麼醫治牠?!

整個身體捲成一顆大籃球

當我趕到診療室時，只看到一個麻布袋。見我滿臉狐疑，縣政府的人指指袋子說：「穿山甲在這裡面。」我表面鎮定，內心大驚失色地想，這樣牠不會跑出來嗎?!

問起牠的來歷，縣府的人說明：「有位民眾在路邊發現牠，就通報縣政府處理。這是稀有的保育類動物，所以我們直接把牠送來這裡，請動物園和獸醫照護。」

他離開後，剩下我獨自面對這隻陌生的穿山甲。

我小心翼翼地打開布袋，深怕牠像獅子或老虎一樣飛撲出來，但是並沒有——只見到一顆籃球大小的球狀物蜷縮在布袋內。我輕輕地把牠帶出來，沉甸甸的，

比想像中還要重。實際秤重後得知這是一隻重達六公斤的大穿山甲。

整個外觀沒有任何血跡或傷口。傷腦筋的是，我完全看不到牠的臉，而且無論如何用力都掰不開那縮成一球的身體。實在沒辦法，只好先把「球」放在地上，去翻查書籍看看有沒有檢查穿山甲的方法。

就在我翻著書時，牠卻緩緩地展開了身體，開始在地上四處嗅聞。

我又驚又喜，但深怕驚擾到牠又捲起來，便輕輕地放下書，仔細地屏息觀察我生命中的第一隻穿山甲：走路沒有跛腳，鱗片光滑而完整，五官沒有分泌物，精神也很好。很慶幸牠應該沒有任何傷勢。

雖然牠沒有太多表情和反抗動作，但先前捲起來的肢體已充分表達緊張，為了不讓牠被過度打擾，我趕緊請同事帶牠回到民眾發現的地方野放。

穿山甲被送入園的消息很快就傳開，我才知道原來連園區的資深保育員也很少見到活的穿山甲。而我能夠在有生之年遇上體型如此壯碩又完整的穿山甲，一定是上輩子做對了什麼好事。

穿山甲不是食蟻獸

大家對穿山甲有個迷思，就是誤以為牠們的鱗片有神奇療效，可以用來入藥——這正是害牠們陷入生存危機的錯誤認知。

鮮少有人知道，全球屬於極度瀕危、全世界盜獵前幾名的這種動物，在臺灣卻是少數沒有被盜獵集團盯上的族群，目前算是穩定發展中，**全臺估算有一萬五千隻。臺灣可能是穿山甲的最後一塊保育重鎮。**

然而對於這隻**二級保育類動物**，人們的認知卻嚴重不足，甚至連獸醫系出身的學生也缺乏相關知識。

每年帶領上百位獸醫實習生時，總有大約五分之一的學生看到穿山甲會說：「臺灣有食蟻獸?!」或是害怕地問：「牠會咬人嗎？」甚至說：「我不敢碰牠，牠會抓我！」實在令人哭笑不得。

逆來順受：低調的「穿生哲學」

自從見到第一隻穿山甲，我便開始研究關於牠們的一切。

穿山甲是無聲的動物，並且有一套**獨特的「穿生哲學」：總是低調地躲在洞穴裡，不愛出風頭，遇到危險時不反抗，逆來順受。**

牠們都是趁夜晚出來活動，在太熱的環境會中暑。這也是一種很容易緊迫的動物，一旦發生緊迫就容易拒食，且好發胃潰瘍，嚴重時可能會造成腸胃道穿孔，進而全身感染以致死亡。

雖然我對穿山甲過敏，治療牠們時得塞著兩坨衛生紙在鼻孔裡，但我喜歡近距離地觀察牠們：那淺淺的鼻子有點像小豬，粉紅色的鈍圓鼻尖常黏著濕漉漉的泥土，卻具有靈敏的嗅覺。小小的眼睛閃閃發光，其實視力並不好。耳朵也很小，所以聽力也不佳。

牠們沒有牙齒，長長的舌頭有四十公分之長！這麼長的舌頭平常收在哪裡呢？答案是收進胸骨裡——你可以想像你的舌頭連接到胸部嗎？太有趣了！

牠們在頸側有發達的唾腺，可以分泌較多且黏稠的口水用來黏螞蟻。平日溫和又害羞，吃起蟻窩卻變得六親不認，成了沉默的盔甲戰士。

一巴掌打醒我的老師

穿山甲是一種讓人感到很療癒的動物，但醫治牠們的案例大多是失敗收場。要為穿山甲進行醫療很不容易，因為腹部和四肢內側有厚厚的皮膚及稀疏的粗毛，又Q又黏，連針都很難扎進去，更別說其他地方都是鱗片。牠們獨特的構造、習性和食性，是救援單位在照顧上的一大困難。

永遠存在我心中的案例是一隻斷手的穿山甲媽媽。牠被送進我當時工作的救援單位，是一個令人傷心的案例，更是一巴掌打醒我的老師。

牠是一隻母帶子的穿山甲，跑進一間民宅，準備在那裡生小孩。屋主發現後緊張不已，趕緊通報。然而如此害羞的動物怎麼會選擇在人類的家裡生小孩呢？我們怎麼也想不透。

我們決定先安置牠們一、兩天，透過攝影機，以不打擾的方式觀察這對母子的狀況。但是到了第二天，透過鏡頭發現幼獸似乎不曾動過，即使媽媽從身旁經過，牠也沒有任何反應。不會是……死亡了吧?!

我們急忙打開籠門檢查，果然，小穿已經死亡，現場還伴隨著一股腐臭味。原

以為是小穿的臭味，但定睛一看才發現穿媽媽的左手被捕獸鋏夾爛了！撕裂的傷口已失去原有的血色，像是一串破布般掛在體側。

是不是因為手受傷了，牠才冒險進入屋裡產子呢？

牠有機會在野外活下來嗎？

我趕緊打電話給長期研究野外穿山甲的專家孫敬閔博士，問他：「少了一隻前肢的穿山甲，還有沒有在野外存活的機會？」

「機率很低，」他回答：「因為穿山甲需要挖洞，好建立幾個躲藏、居住和覓食用的洞穴。如果只有一隻前肢，在挖掘上會有較大的困難。」

專家繼續說明：「另外，在冬季螞蟻較缺乏的時候，穿山甲需要爬上樹去尋找白蟻。假如只有一隻前肢，爬樹時會有危險。」

我感到不妙，繼續詢問：「那在野外，你遇過缺少一隻前肢的穿山甲嗎？」

「我只看過一次，但那隻沒有離開過棲息地。牠從受傷到痊癒都待在自己熟悉的環境裡，所以要躲到哪個洞穴、哪裡有食物，牠都瞭若指掌。」

我明白他的意思：除非我們能夠非常清楚地知道這隻穿媽媽原本所在的棲地，否則將牠野放到一個陌生地點，又少了一隻前肢，存活的機會渺茫。

野生動物救傷，不只靠一腔熱血

為什麼我第一步不是趕快治療傷口，而是去打電話呢？

因為**救傷野生動物是為了讓牠能夠回到野外。如果一腔熱血地做了全部的醫療，即使撐過了康復期間的痛苦，但牠根本無法在野外存活，野放後因無法覓食而活活餓死，只是讓牠白白地承受這一切。**所以若是判定無法野放的野生動物，就算牠的生理再健康，我們都必須考量安樂死。

然而眼前的穿媽媽生命力堅韌，從體態看來，繁殖力正值旺盛……

我猶豫了三秒：假如有那麼一丁點機會，牠是不是能夠度過這段康復期，重新回到野外生活呢？

遲疑的當下，我已做不了安樂死的決定，於是說服自己或許牠能夠成功地熬過這一切。我要繼續進行治療。

我們為牠截肢。幾天過後，見傷口復原情況很好，食欲也不錯，在平地行走的動作也很順暢，於是著手規劃讓牠練習挖土、爬樹等技巧。

然而一天下午，助理慌張地跑來說：「穿媽媽剛剛沿著籠子往上爬，結果摔下來了！口鼻都是血！」

我趕緊衝到籠子裡，只見穿媽媽側躺在地上，口鼻冒出鮮血，身體不自主地抽搐並顫抖著。

看著痛苦的牠，我心知，「那一刻」終究是避不了。

我一把抱起牠奔往手術室，同時吩咐助理抽取安樂死的藥劑。

全部的藥劑注射完畢。手術檯上，穿媽媽的口鼻不再出血，胸口也不再起伏。

我拿起聽診器進行安樂死的最後一個步驟：聽著牠的心跳，直到無聲。

終止了穿媽媽在這世界上的一生，助理協助拍下牠的最後一張照片，那是記錄死亡動物必須拍攝的紀錄照。接著，我們輕柔地將牠裝進塑膠袋中，連同牠的資料，一起轉交病理室進行解剖。

誰也沒有料到會是這樣的結局，狀況來得實在太突然。明明從恢復到照顧都很順利，助理說牠在摔落之前也展現出強大的生命力，靠著單手爬到近乎一個成人的高度。

若不是這場意外，我想牠會成功地出院，但是不知何時、會在哪個角落從樹上摔落，而到時牠得自己熬過那有如溺斃般的窒息，承受著疼痛，直到失去意識。

思及此，有如重重的一巴掌將我打回那三秒鐘的猶豫。就因為我遲疑了三秒，讓穿媽媽以重創來承受結果。**明知機率很低，我卻還是想要讓牠「試試看」——那究竟是在嘗試讓牠能夠回到家鄉？還是我自己想要嘗試的挑戰？**

你只有三秒鐘決定要不要為牠安樂死

突然回想起曾在美國明尼蘇達州的復健中心見習時，有位資深獸醫師告訴我：「你只有三秒鐘的機會決定要不要為牠安樂死。」因為一來病例很多，隨時都可能有急診病患被送進來；二來，過了三秒就下不了手了。

在這三秒間，腦中須閃過很多評估：動物野放的機率高不高？醫療的時間久不

久？過程痛不痛苦？人力夠不夠？空間夠不夠？資源夠不夠？有沒有人會養？環境適不適合？……

而最後，也是**對所有獸醫師來說最艱難的一點：**

如果今天手中是一隻需要長時間及複雜醫療，不過可能會康復的「非保育類動物」，你能不能在「保育類動物」急需資源時，放下自己努力醫治了兩、三個月的這隻小傢伙，親手送牠走，再用你的能力去救治這個環境更需要的動物？

自從送走那隻穿媽媽之後，往後每當遇到缺少前肢的穿山甲時，我們一律標準化地進行安樂死。實在不需要讓牠們承受任何額外的痛苦，畢竟有時候，人真的勝不了天。

保育的衝突與矛盾

最應正視的「遊蕩犬」議題

自從走上野生動物獸醫師這條路，內心不斷地受到各種衝突與矛盾撞擊。仔細想想，小時候愛動物的我們長大後成為獸醫師，每天收治傷病動物入院，面臨不斷看到動物慘況的壓力，心智能力勢必要很強大才有辦法承受。

對我而言，有時甚至不得不接受，啟發自己走上獸醫這條路的狗兒竟成為傷害生態環境的凶手之一。

小山羌的地獄日

一天，同事抱著一個紙箱進手術室，有點無奈地說：「這隻小山羌被狗咬了，目擊的民眾把牠從狗狗的口中救下後就趕緊送來。聽說牠還在流血。」

紙箱不大，同事抱在手中沒什麼動靜。若是精神狀態好的山羌，在紙箱內聽到人的聲音通常會掙扎，可見這隻小山羌的傷勢應該滿嚴重的。我們趕緊清理好手術檯，為牠進行檢查。

我先輕輕地將紙箱拉開一道小縫，雖然沒有看到鮮血持續冒出，但牠的呼吸聽起來有一種「啵啵啵」的聲音。

「可能是呼吸道被血液阻塞了。」我說。

我們加快腳步將牠麻醉，好檢查傷勢。

小山羌的傷都集中在頭部，第一眼就看見口、鼻有出血痕跡，頭部側邊有多處撕裂傷。

我的手握著上顎要打開口腔檢查時，發現情況不對勁——正常來說，山羌的上顎骨是很堅硬的，但手的觸感卻有點像抓著爛骨頭，軟軟的，裡面還有點顆粒感。

「不妙，牠的上顎很可能整個粉碎了！」我跟同事說。

麻醉後查看，牠的口腔內血跡斑斑：近一半的舌頭橫斷地撕裂開來，上、下顎觸摸起來都有骨折，大部分牙齒的齒根都裸露，還有些牙齒幾乎要掉下來，只剩一絲牙齦肉連著。

我一面清理著傷口，忍不住憤怒地說：「今天簡直是這隻小山羌的地獄日。**牠的頭被狗咬住的時候，就是牠的地獄！**」

其他人沒有講什麼，只有無奈的嘆氣聲。

除了清理傷口，我也試圖為牠排除呼吸道裡的黏液、消毒口腔後，將舌頭縫合起來。此時腦海浮現一段回憶：國小時的我在公園裡，看到兩個年紀比我小的男孩用橡皮筋射流浪狗，那隻狗狗害怕得四處逃竄，他們卻哈哈大笑地繼續追著狗兒跑。我氣憤得走過去，對著他們大吼：「射什麼射啊！只會欺負狗是不是！」兩人嚇得丟下橡皮筋就跑走，狗也跑走了。

好多矛盾的感受突然湧現。近三十年前的遊蕩犬問題，現在看起來並未改善。而讓內向的我勇敢地在街頭大喊、更是促使我決定走上獸醫之路的狗兒，如今變成我手上這隻小可憐的攻擊者……

越想，頭腦越覺得緊繃。

百分之二十的存活機率

做好醫療處置後，我們為小山羌拍X光。果然是上顎粉碎性骨折，碎裂的程度就如懶骨頭一樣，沒有給獸醫師動手術的機會。

下頜骨雖然也骨折，但是骨頭碎片並沒有偏離太多，加上牠的年紀還很輕，如果沒有其他狀況，恢復能力是很好的。由於牠在麻醉過後很快便清醒了，因此我們決定嘗試積極治療，當晚送牠住進加護病房休養。

小山羌很爭氣，到了隔天還活著，而且意識清醒。這讓我們感到多了些希望，祈禱牠成為犬隻攻擊下還能夠存活下來的那百分之二十。

然而到了第三天，一早就看到牠冰冷的屍體躺在加護病房內。

像這樣的案例並非少數。在野生動物救傷的經驗中，有越來越多遊蕩犬攻擊的事實浮上檯面。

過去，我們大多以流浪狗、野狗形容街頭的犬隻。但一方面，「流浪狗」的用詞無法精準地描述這些犬隻的來源，因為有些並非真的在街頭流浪，牠們可能是被放養，或是有人固定在餵養。若是用野狗一詞，又很容易被誤解為野生動物。我在許多講座中詢問過現場的聽眾：「臺灣有哪些野生動物？」有不少民眾回答：「野狗、野貓。」

現今大都使用「遊蕩犬」代表在街頭的犬隻。這些狗狗的組成包含了在野外繁衍好幾代的野化犬、無主的流浪犬、有主的放養犬與無主的被餵養犬。只要是在外遊蕩的，統一使用遊蕩犬這個名詞。

動物都有狩獵的天性

農業部動物保護司每兩年會估算一次全國遊蕩犬的數量。二〇二二年，估算的數量是十五・九萬隻。相較於全臺灣有兩千三百多萬人口，聽起來似乎沒有很

多。但如果與臺灣的幾種原生動物數量比較，便會發現落差非常大：

- **一級保育類的臺灣黑熊，全臺數量估算是兩百至六百隻。**
- **一級保育類的石虎，全臺數量估算是四百至七百隻。**
- **二級保育類的穿山甲，全臺數量估算是一萬五千隻。**

如此數量的落差，加上遊蕩犬與野生動物處在同一片棲息地，並且牠們有狩獵的天性，無論是不是要填飽肚子，對於體型小又動作快的動物都有捕捉的欲望。

根據野灣協會統計，從二〇二〇至二〇二四年，四年來遭遊蕩犬攻擊而入院的野生動物數量，從一年五隻攀升到一年八十四隻。這個數字雖然不能直接代表與遊蕩犬數量的增加相關，但由此得知，犬隻攻擊野生動物並非自然發生的事情。

我們也掌握了越來越多的檢驗資訊，可以證實某些型態的傷口確實是犬隻攻擊所造成，而且這些案例的死亡率超過八成。其中，全年山羌的案例有百分之七十三、穿山甲的案例有百分之五十八是遭犬攻擊入院。

壽山的山羌，是否無恙？

近年來有一件悲劇令人心碎——那是高雄壽山的山羌幾近滅絕的實例。壽山緊鄰高雄市區，民眾棄養犬隻容易，並時常有人上山餵食遊蕩犬，因而造成山區的遊蕩犬數量增加，時常有山羌等野生動物的傷亡通報。

二〇一六年，我剛草創野灣協會。在某場聚會上，有一位在壽山當兵的獸醫系學弟問我：「學姊，我每天晚上都聽到狗咬山羌的聲音。我有什麼辦法可以幫忙嗎？」

我無奈地說：「這只能請公部門來處理，因為遊蕩犬問題的權責機關是當地縣市政府。據我所知，政府的確也編列了預算要回應遊蕩犬的問題。」

二〇二二年參加一場研討會，時隔六年再遇到學弟，我問他知不知道壽山的狀況後來如何。他嘆氣說：「學姊，我在軍營的學弟說已經聽不到狗殺山羌的聲音了，因為根本沒有山羌可以抓了。」

二〇二四年時，我和一位常往壽山健行的朋友聊起這件事，他搖頭說：「現在不可能在壽山看到山羌了啦，狗倒是很多。」

野生動物有幾個「十四年」可以等？

清華大學的顏士清老師曾針對這個現象，長期持續地進行調查及統計，二〇二二年時，發現與二〇一八年的數據比較起來，流浪犬的數量減少百分之三十五．四。山羌的數量則減少了百分之九十二．四——等於大約只剩下五十至六十隻，可能造成山羌的區域性滅絕。[6]但研究報告中的確提到「流浪犬數量減少百分之三十五．四」，為什麼還會造成山羌族群的滅絕呢？

現今臺灣對於遊蕩犬的管理，採用「零撲殺」加上「TNR」為主的方式——捕捉（Trap）、絕育（Neuter）、回置（Return），並提倡高強度絕育，也就是達

6. 請見《110-111年度壽山國家自然公園哺乳類動物族群與流浪犬現況調查計畫報告》。

到百分之八十五的絕育率，可以有效地控制遊蕩犬的數量，並且強調野外的「犬隻族群管理」。

以壽山的例子來說，顏老師的調查報告中提到：若是一個封閉的區域，在以百分之八十五的絕育率為前提下，需要十四年的時間，族群才會「歸零」；但如果不是封閉區域，只要有新的個體移入，數量就不可能歸零。壽山並非封閉區域，調查發現每年有幾十隻狗移入壽山，而且也持續有新生幼犬誕生。

儘管沒有研究報告顯示全臺灣的山羌數量有多少，但區域性滅絕的確有可能發生，試問野外的野生動物有幾個「十四年」可以等待遊蕩犬歸零？更不用說按目前的模式來看，歸零似乎是天方夜譚。

回到問題的根本來思考，狗，並非自然環境下的物種。國際自然保育聯盟（International Union for Conservation of Nature and Natural Resources, IUCN）[7]已認定犬、貓為外來入侵種。二〇二二年，中央研究院建制的「臺灣物種名錄」資料庫（Catalogue of Life in Taiwan）也將犬、貓列為外來入侵種，就像近年各縣市政府積極移除的綠鬣蜥一樣，又或是政府採用獵槍移除的埃及聖䴉，是應該從自然環境中移除的。

不過，我們確實該適度地將人類對於狗的情感層面納入移除的策略中。而且從歷史脈絡與人類文化的角度思考，犬、貓的確在人類社會占了一席很重要的地位。所以面對遊蕩犬的管理，應該從以往的野外族群管理，改為移除管理。

就像水龍頭漏水，除了必須鎖緊源頭之外，也要持續地排空積水的水槽，才能夠確保水槽是空的。**在寵物管理上，寵物業者及飼主的責任是非常重要的一環，**這是關掉「漏水的水龍頭」的方法。

再來，要開始排空水槽，移除自然環境中的犬隻。由於被移除的犬隻不能回到自然環境裡，那麼就**必須規範公、私立收容所，落實入所的登記造冊、訂定收容空間的上限、飼養管理、醫療評估策略等。**

而最後一步、也是**最重要的一步是：安樂死評估準則的制定。**

7.「國際自然保育聯盟」是全球規模最大、歷史最悠久，最具影響力的全球性非營利自然生態保護機構。

死亡之前，管理不當而生的「恐懼」

幾十年前處理遊蕩犬的方式令人感到恐懼和不捨，相信許多人都看過當時的捕狗大隊如何在街頭抓狗。被關進收容所的狗只有十二天的時間等待主人領回或被認養，過了這段期間，便會遭安樂死。

二〇一三年，呈現遊蕩犬在收容所倒數十二天的紀錄片《十二夜》上映，激起許多愛心聲浪，認為「十二夜」這樣的規定是不妥的。

這部片子上映時，我還是獸醫系的學生，生活中只有狗和貓，野生動物不在我的同溫層內。當時我也跟許多獸醫系學生一樣，不敢看這部片子，認為人類太殘忍，狗兒太可憐了。然而多年後，我踏入救傷行列，某天點開來看這部電影，體認到一點：**「十二夜」的規定之所以令人感到悲傷，其實並不是死亡這件事，而是在狗狗死亡之前，那些管理不當所衍生出來的恐懼**——一個生命在期限將至時，是被拖著上診療檯，伴隨著淒厲的叫聲，逐漸轉為靜音……

站在「動物福利」與「救傷資源」的角度

二〇一六至二〇一七年是臺灣動物保護的一個轉捩點：政府單位順應民意，下達了制止撲殺遊蕩動物的法令。這項政策也被人們順勢地喊為「零安樂死」口號。

但事實上，**安樂死不應被視為兇手，而是獸醫師經過一套嚴謹的標準流程及評估後的考量結果。**

·動物福利的考量

首先是動物福利。

以目前野生動物的救傷與收容為例，**野生動物的家就是自然環境，所以野生動物的救傷是以「野放」為目的**。然而，若有任何傷勢造成野生動物無法在野外生活，我們便會啟動安樂死的評估。

第一步先看動物是否具有保育或教育上的意義。例如一級保育類的石虎或臺灣黑熊在野外的數量僅存數百頭，如果無法野放，但仍有生殖能力，就必須考慮長期收容，進行域外保育（移地保育）[8]。若非數量極少的野生動物，也會考量有沒有環境教育上的意義，是否有可能成為保育大使。

接下來要考量，無論是否為保育類動物，假使收容量能不足、照養的環境不能符合動物福利需求，或是評估動物無法適應長期的收容，即使再不忍心，仍必須考慮安樂死。

・救傷資源分配的考量

最後還有救傷資源的分配。

假設每年收容一百隻不能野放的野生動物，至少需要五名人力，除了準備食物，還要進行養護環境的清潔及消毒、環境豐富化、例行健康檢查、生病時的醫療處置、老年安養照護等，一年至少需要三百萬元經費。儘管幫助了一百隻動物延續生命，但是每年平均救傷五百隻野生動物的資源就被壓縮了，降低了這五百隻動物回到野外繁衍族群的機會。

再來看狗兒的情況。若沒有安樂死的標準流程，狗兒終生被關在收容所裡，無

法獲得良好的生活品質，而收容所的量能滿載，也沒有能力再收其他遊蕩犬。

目前全臺灣有三十一間公立收容所，根據農業部在二〇二三年統計，平均認養率是百分之三十八。若有完善的安樂死評估，優先考慮領養機會低的（例如患了預後不良的疾病如腫瘤、傳染性疾病、精神疾病等，或具有攻擊性），將有限資源放在領養可能性高的狗兒身上，考量各收容所的量能來制定收容期限。面對收容所爆滿的現況，其實相對地提升了收容狗兒的生存品質。

近年來，政府投入數十億經費改建或新建了多所動物收容所，養護條件已明顯改善：寬敞的環境、明亮的空間，有助於成功地導入各項透明化流程，讓受評估為安樂死的犬隻可以零恐懼地離開。

零安樂死不是解決辦法。面對爆滿的收容所，我們應該力求政府制定安樂死的標準化流程，將專業回歸到獸醫師身上。

8. 域外保育（移地保育）：將動物自天然棲息地移至人類圈養的環境，進行繁殖、培育，最終目標是將牠們重新引回自然環境生活。

人類的家，才應該是遊蕩動物的家

有人會質疑：遊蕩犬的問題是人造成的，為什麼要讓狗來承擔？餵食及任由犬隻在外遊蕩，其實是人類不負責任的做法。我們往往只看到狗兒來吃東西的模樣，不知道牠們在野外承受的疾病侵襲、地盤爭奪、人犬衝突、車禍等生存風險。甚至連人類認為對狗兒好的「TNR」做法（捕捉、絕育及回置），在進行手術前，牠們連基本的術前檢查都沒辦法獲得。

如同野生動物，當無法提供符合野生動物福利的長久居所時，必須將安樂死作為醫療處置的首要考量。對於遊蕩動物而言，人類的家才應該是牠們的家。

犬、貓被人類培育出各個品種，回溯歷史皆可了解每個品種在當時的功能。隨著時代演進，逐漸轉為陪伴的角色，但不變的是，**犬跟貓始終是在人類的社會中存活，而不是自然環境中。對於遊蕩動物的問題，我們應該努力讓牠們回到人類的家，而不是在街頭徘徊。**

餵養的迷思

最好的關懷是不餵養、不放養

野生動物面臨的困境有很多，像是棲地被破壞或破碎化、遊蕩動物的競爭或攻擊、毒殺、陷阱、路殺、窗殺（撞上窗戶導致傷亡，是鳥類的隱形殺手）等。其中，最容易引發網路論戰的便是「餵養」與「私養」。

人類將自身欲望投射在動物身上

我曾經認為在路上擺一碗乾糧給遊蕩犬、貓吃，對牠們是好的。也曾經認為放養的方式對牠們來說才是最快樂的，畢竟有廣大空間可以奔跑，自由選擇想待的地方，想吃飯時再回來吃，真是再好也不過。但隨著投入動物保育日久，漸漸發現這不過是人類將自己的欲望投射在動物身上罷了。

其實**正是有「侷限」，才讓動物活得健康、走得長遠且一切平衡。**在野外自由生活的野生動物也是依循牠們的天性、本能，一季又一季地重複著生命週期。

每種動物都有其在世界上的棲位。例如狗和貓從一開始以工作為目的的培育，到現今以陪伴為目的，定位就是伴隨在人類身邊，和人之間的情感才會這麼強烈。這樣的伴隨不是街頭上可見的身影，而是真正地進入家庭或是工作場合。

看見有人餵養街頭的貓、狗，我們習以為常。但別忘了犬、貓需要定期注射疫苗、驅除寄生蟲，牠們也要洗澡、修整毛髮、每天刷牙……才能夠健康地活著。

有人注意過嗎？街上的遊蕩犬、貓每過幾年就有幾隻不見，有時會屍橫路邊。當牠們生下幼崽，可能有幾隻被人抱回家養，剩下的則繼續流落街頭。沒有人認為這樣對狗、貓來說不好嗎？

在私人動物園工作時，我撿到了幾隻遊蕩貓，當時便在園區裡飼養，任牠們自由來去。但是後來陸續發生悲劇：一隻突然失蹤，被發現時已氣絕多日，死因不明；另一隻因車禍而當場死亡。

我原以為養在園區內，這些貓既享有自由，又能受到妥善的照顧。不過，就像放養或餵養一樣，沒有妥善限制在家中的寵物，的確有比較高的機率會遇到危險、意外或傳染病等風險。

這樣的切身經驗，更堅定我對於餵養與放養的不贊成。**我在乎的是這些動物有沒有辦法好好地生活。**

每個人都喜歡牠，但沒有人給牠一個家

我有位鄰居會定時、定點餵食街貓。有天巷子來了一隻大肚母黑貓，等牠生完後，鄰居帶黑貓媽媽去結紮、剪耳，再放回巷子裡，並且開始在自家門口固定擺放乾糧和水。大家都是老鄰居，對於住家附近來了一隻貓，只覺得怪可愛的。

但貓有狩獵天性，會撲咬路上的麻雀，我就曾從牠口中救下一隻剛學飛的小麻雀。牠也常對著我的機車尿尿。我一直思索如何開口請鄰居別再放食物在門口，沒有食物了，貓自然會離去；或者建議鄰居乾脆養牠吧，既然牠這麼可愛。但又擔心說了可能會壞了感情，遲遲沒有開口。

後來黑貓突然沒再出現，幾天後，被發現死在工地裡。

我為牠感到傷心，**整條巷子的人都很喜歡牠，但沒有人要給牠一個家。**如果當初我向鄰居反應，牠會不會早已有個家了？

橫死可說是臺灣遊蕩犬、貓的日常，大家見怪不怪，認為在街頭討生活，死亡率自然不低。但認真思考會發現有個矛盾：犬、貓本來就不應該待在街頭啊！

人們出於愛心而餵食，雖然說食物是最基本的，有吃就能活，但相對地食物也引來其他地區的犬、貓，造成同一個區域有數量眾多的狗群或貓群，可能導致身上的寄生蟲互相傳播。只要其中有一隻是傳染性疾病帶原者，那麼疾病的傳播速度是很快的。

動物群聚，也可能出現對於地盤、食物或交配權的爭奪，發生攻擊行為，導致

傷兵。

另外還有犬、貓在街頭遭人毒殺的例子。如果是在馬路旁的區域，更有可能發生路殺悲劇。

除了影響到犬及貓的動物福利，動物聚集可能帶來跳蚤、壁蝨、糞尿，食物會引來老鼠，有時也會引起鄰居不滿，間接造成鄰居之間的嫌隙或爭執。

動物突然在馬路上行動，也可能會造成車禍。根據交通部統計動物招致車禍的身亡人數，二〇二三年有紀錄的就有十一人。

動物沒有錯，人類該擔起責任

街頭犬、貓的不幸最終是由環境承擔，透過野生動物的悲劇來反映，若看過捲成球的穿山甲遭啃咬、被撕咬得有如破布的山羌被送進救傷單位，你就會明白。

除了穿山甲和山羌，有更多是沒能撐過來的白鼻心、鼬獾與各種鳥類。

動物們誰也沒有錯，人類該承擔起這一切。

我收治過一隻尾巴缺損的穿山甲傷患，奇怪的是，全身就只有尾巴受傷、破爛。詢問研究穿山甲的調查員：「野外有什麼樣的陷阱會造成這種傷害？」得到的回答竟然是：「狗。」

遇到危險時，穿山甲會做出全身捲成一顆球的招牌動作，此時尾巴包在最外側，狗兒們你一口、我一口，當作潔牙骨般咬著尾巴。疼痛的穿山甲什麼也做不了，只能蜷縮著身體，傻傻地等待噩夢結束。

這是一隻幸運的穿山甲，治療過後，牠還留下了足夠的尾巴。尾巴受傷在其他動物身上或許無大礙，但是對於穿山甲來說是有可能致命的，若尾巴少於一半以上，牠們在野外存活的機率就會大幅下降。

國際極度重視的穿山甲，在臺灣卻淪落為犬隻嘴下的玩具，而且救傷的案例是年年增加。

連神也無法挽回這條生命

犬隻咬傷的另一種常見動物是山羌。當初促使我將「在臺灣東部建立野生動物

救傷中心」這個念頭付諸實行的，便是一隻遭犬咬的山羌。

那時我在屏東的保育類野生動物收容中心工作，有一隻山羌在臺東被民眾發現倒在路旁，頸部血流如注。當時臺東並無相關的救傷單位或人力，因此這隻山羌從早上被發現後，遲遲無法被送到屏東。當我完成工作，親自把牠接回屏東時已是半夜十二點。

牠的脖子有大面積撕裂傷，氣管清楚可見。儘管痛到失去意識，但牠仍堅強地活著，只是實在拖得太久了，呼吸和心跳已極其微弱。我只能心痛地為牠安樂死，因為我很清楚，就連神也沒有辦法挽回這條生命。

當晚，種種的無奈和氣憤一直敲擊著我的腦袋：怎麼可能連一隻山羌都沒有人會救?!

任何動物都應該要活得好，也應該死得有尊嚴。然而在醫學如此發達的現代，牠竟然痛苦了超過十二個小時。

多一餐或許能活得比較久，但不能活得比較好

不餵養、不放置餵食點，是我們能夠帶給遊蕩犬、貓第一步最好的關懷。如果不能夠提供牠們一個家，就不要再盲目地延續牠們的生命。

多一餐或許能活得比較久，但不能活得比較好。而活得比較久，又會產生更多的下一代，那麼街頭犬、貓的數量不可能有下降的一天。

面對遊蕩犬、貓，如果愛牠，就帶牠回家，完整地疼惜牠。

若還沒有足夠的心力，那麼請等待足夠的時候，帶牠回家。就像一位獸醫前輩曾經對我說：「身為一名野生動物獸醫師，你要懂得保護自己，因為如果連你都受傷了，就沒有人能夠幫動物治療。」

擁有足夠的力量，才是真的幫對忙。

人類自以為是的「私養」

最終受苦的是動物

除了餵養及放養，「私養」也是人類自以為是的一大毛病。

現行法律政策並未規定不得飼養一般類的野生動物（例如：松鼠、白鼻心、大赤鼯鼠、綠繡眼、白頭翁、麻雀等），但是野生動物真的不好養，〈營養失衡的受害者〉、〈營養小失誤，影響動物一輩子〉這兩篇談過的「營養」是一大重點。

再者，以空間和環境的豐富度來說，許多住家並沒有辦法達到飼養野生動物的標準，人們卻自行養起撿到的、甚或是從店裡買回的野生動物。

幫松鼠驅蟲的奇怪飼主

有位飼主令我印象非常深刻。第一次看診前，助理便警告我：「那位飼主上次帶了他的松鼠來，但是檢查時，他不准當時的主治醫師先幫松鼠麻醉，害主治被松鼠咬到手流血。他還一直要求驅蟲，不管醫師講什麼，他都只要驅蟲。」

這段話勾起我的好奇，心想：「到底是什麼樣的飼主對於寄生蟲如此執著？」

竟然餵松鼠吃「貓乾糧」！

預約的時間到了，不見病患，只見飼主帶著一個塑膠袋進診間，劈頭就對我說：「醫生，我要驅蟲！這一袋是我家松鼠的糞便。」

透過顯微鏡進行糞檢，發現的確有很多寄生蟲的卵。

我都還來不及開口，飼主劈頭便問：「上次的醫師已經開了藥，我也都乖乖餵藥，為什麼我的松鼠身上還有那麼多蟲子？」

在一隻動物身上有這麼多蟲，這的確不尋常。通常是有其他的原因才導致寄生蟲大爆發，於是我從頭開始詢問：「請問你平常餵松鼠吃什麼？」

飼主理所當然地回答：「貓乾糧。」

「貓乾糧?!」我不敢置信。

他老神在在地說：「對啊！我看牠很喜歡貓乾糧，就讓牠跟著家裡的貓一起吃。對了，因為看毛長得不好，所以我還餵牠吃鱉蛋爆毛粉，但是怎麼好像都沒有用啊？」

聽到這裡，我怒氣飆升，但思及醫病關係及網路評論，仍努力保持語氣平緩地說：「松鼠不能吃貓乾糧喔。松鼠是偏素食的雜食動物，吃的是樹上的野果或種子，搭配一些小蟲。貓乾糧是為肉食動物製作的，裡面的營養成分完全不符合松鼠所需。所以你的松鼠毛長得不好、免疫力也不好，身上爆發寄生蟲是很合理的。」

然而飼主似乎沒在聽，又說：「可是我有給牠吃爆毛粉啊！怎麼都沒有用？啊醫生，針對那個寄生蟲，你有沒有一次就可以把蟲全部殺死的強力藥劑？你們那個藥下得重一點啊！」

我內心雖然髒話已經飆了八百遍，但只能大聲地重複一遍：「不要餵牠吃貓乾糧，去準備一些蔬菜、水果，纖維素高一些的。也別吃來路不明的爆毛粉。還有，」我停了半拍，更直接地說：「如果是吃一次就能把蟲殺死的寄生蟲藥，那你的松鼠吃了也會一起死。」

最後我速速開了驅蟲藥，請飼主回家好好地餵藥，心裡祈禱松鼠平安，他下次不要再來了。

不要用「自以為對」的方式養動物

沒想到兩週後，又見到這位飼主，他還是一樣要求驗糞便。

我問：「你改餵蔬果類食物了嗎？」

「有喔，我有給牠吃香蕉，另外還有貓乾糧，鱉蛋爆毛粉也照吃。」

我理智斷線，再也顧不得醫病和諧，直截了當地警告他：「松鼠有松鼠的食性。就像你要是每天三餐都吃巧克力，最後會送醫院一樣，松鼠這樣養，不只寄生蟲治不好、毛長不好，連命也會送掉！貓乾糧和什麼爆毛粉都不准再讓松鼠吃了！」

總算在第三次回診時，聽他說餵松鼠吃了些堅果、蔬菜和水果，並給我看照片，照片中的小松鼠毛色看起來不錯。糞檢的結果，寄生蟲的數量也大減。

希望主人可以堅持下去，不要再用「自以為對」的方式飼養了。

承受苦難的是動物

像這樣的案例層出不窮。最令我們獸醫師感到心累的是，明明已經跟飼主說某樣食物不合適，飼主卻回應：「可是牠喜歡吃啊！我捨不得停掉。」

這就像餵養一樣，**人類以自己認為好的觀點套在動物身上，卻沒有從「動物的角度」去看待這一切。**

我的門診有個熟面孔，這位婦人在家裡飼養大赤鼯鼠（臺灣體型最大的飛鼠）和白面鼯鼠，共七、八隻。每次帶鼯鼠就診總是拉肚子的老問題，因為她餵鼯鼠吃堅果及喝奶。

事實上，鼯鼠吃的是葉子等高纖食物，對堅果和奶難以消化，於是反覆地脹氣、下痢和食欲不振。

我苦口婆心地勸誡不知多少次，無論再怎麼明確地解釋，她只回應：「可是牠們很喜歡喝奶啊！我餵葉菜，牠們都不吃。」我實在懷疑她是否真的嘗試過改變食物。

令人擔憂的是，由於她養了七、八隻鼴鼠，還參加相關社團，看起來好像很會養，有人撿到鼴鼠時便會交給她照顧。

像這類愛心高漲、卻完全用錯方法的私養人為數不少。每當遇到這樣的飼主，獸醫師消耗極大的心力溝通是其次，最終承受苦難的是動物。

為動物撞擊出一條活路

說起來，**獸醫師多半比較不擅長與人相處，還以為醫治動物最簡單，然而最後處理的往往還是人的事情。**

站在野生動物和人類之間，我看到好多只單純地面對動物時，看不到的問題：私養、餵養、遊蕩犬及貓、陷阱、中毒、棲地破碎、傳染病、政策、政治等。

身為野生動物獸醫師，我努力地在這些問題之中，撞擊出一條活路，並期待能帶來一點點改變，幫助野生動物的生活過得更好一些。

生命令人著迷，也令人畏懼

壓倒獸醫師的最後一根稻草

英國有份調查顯示，**獸醫師的自殺率是一般人的四倍**，並且是職業相近的醫師、牙醫師的兩倍。在臺灣，近年也有不少同業選擇結束自己的人生，有些是因為生活壓力、情感問題，但大部分與工作造成的失落相關。

幸運的是，新一輩的獸醫師已經意識到此危機，透過降低工作時數、專業分科、培養個人興趣、尋求諮商管道等方式紓解。

只是，個人改變了，大環境的變化卻不大，多數帶著動物就診的民眾對於醫療的想法仍如同從前。

在臺灣因為有健保，區域醫院只需付一百到三百元的掛號費、急診四百五十元，如果需要手術或住院，皆有健保給付，若不特別選擇自費項目，幾乎可以說是人人都上得了大醫院。

自有健保以來，這樣的觀念根深柢固近三十年，連帶地嚴重影響了獸醫界的收費標準。為了避免被說是坐地起價，每個縣市皆有獸醫師公會訂定的收費準則，內容上呈到當地的動保處或防疫所核備後執行。

舉例來說，臺北市獸醫師公會收費標準是：一般掛號費上限兩百元，一般診察費上限為五百元，住院費用按照體型是五百至兩千五百元一日，另外還須加上每日照護費、住院期間檢驗費、治療費等，所有檢驗及治療的費用皆分別計算。

飼主說：「我看病都沒這麼貴！」

儘管項目及費用一一清楚地標示出來，但飼主仍常常在繳費時，被金額嚇一跳。大部分的人會一邊說「我看病都沒這麼貴」，一邊把費用繳清。也曾遇過有人直接破口大罵：「你們是在搶錢嗎？我有說住院期間要驗血嗎？我有同意要這

項治療嗎？你們這樣不行啦，這個費用我不要繳！」先前請他簽名的住院同意書形同一張廢紙。院方遏止不了，最後不得不請警方出動才結束這場鬧劇。

還有飼主是看到金額後，儘管神情不滿，但不發一語地繳清了。接著卻收到飼主上網對診所留下負評，並留言：「不過是看個病、開個藥，也要幾千元。要帶動物去這家醫院的人請三思，沒有三張小朋友是走不出來的。」

這樣的言論因著網路上發言不負責的人壯大，使得獸醫師站上被公審的位置。強硬派的獸醫師會直接回嗆，內向派的獸醫師則把委屈往肚子裡吞，無論解釋與否，雪球都越滾越大。

其實會主動選擇獸醫師這條路的人，大多是不喜歡或不擅長和人互動，很容易專注在動物身上。**看診的時候，獸醫師的眼裡往往只有診療檯上的動物，思考牠需要那些診斷及治療才能從病痛中解脫。**這麼一來，更加可能得罪某些飼主。

想治好動物，卻被當作搶錢的土匪

然而，飼主和獸醫師不該是敵對關係。動物不會說話，有賴細心的飼主在問診的過程中，為獸醫師縮小檢診的範圍。

但若遇到一問三不知的飼主，我們勢必得從動物身上找答案，於是可能發生這樣的對話——

獸醫師：「外觀看起來沒有太大的問題，這樣的症狀，建議要幫牠照X光。我們會拍兩張不同角度的，成為一個立體的結構才能夠判斷喔！」

飼主：「多少錢？」

獸醫師：「兩張加起來是一千元。至於之後是否需要其他的檢查或治療，等拍完片子才有辦法知道。」

飼主：「蛤！拍個X光也要一千元！」

有時還會需要進一步使用超音波（大概八百到一千五百元）；若想知道更完整的身體狀況，則需要血液檢驗（一千五到兩千五百元之間）；後續治療的費用要看當天的檢查結果，另外計算……

聽完價格之後，飼主表示：「不用了，這些檢查都不用做。醫師，請你開個藥

就好了。」

結果回家沒幾天，動物當了小天使，飼主回頭留下難聽的負評：「獸醫什麼都不知道，光叫我做昂貴的檢查，連動物生了重病都沒發現！」

飼主有經濟上的考量，我們完全能體諒。畢竟醫療本來就是昂貴的服務，硬體如設備、儀器，軟體如獸醫師的養成，皆需要龐大的成本與時間，動物醫院唯有收取合理的費用，才可能營運下去。

真正令人挫敗的是，身為獸醫師的我們為了醫治動物，認真地提出解決方案，卻被認為是想搶錢的土匪。

獸醫師的一劑強心針

不過轉念一想，在如此不友善的環境下工作也是一種樂觀的訓練，難得遇到好飼主就教人開心很久。

我有幸遇過一位養了許多寵物鳥的飼主，數個月以來，他都為家中同一隻虎皮鸚鵡皮皮掛號，每回皆是同樣的症狀：排飼料便。

如果在鳥的糞便裡看見完整的飼料，表示消化系統出問題，以致無法磨碎、消化吃進的飼料，無法吸收營養。此外，皮皮每回排出飼料便的那幾天，體重都迅速下降，這對於一隻體重只有三十幾克的小鳥來說絕非好事。倘若未密切地妥善照顧，病鳥可能會在幾天內死亡。

這位飼主每次上門，都感受得到他對皮皮的關心和用心。但經過反覆幾次給藥仍無法根治，我建議讓牠吞顯影劑進行影像檢查，至少能看出腸胃道結構是否異常。聽我一一說明檢查過程中會有的風險後，他點頭同意：「就這麼做吧。請醫師盡量救牠！」

檢查發現，皮皮有很高機率是罹患「前胃擴張症」。這是一種由波納病毒導致的疾病，主要會影響神經系統，包括腦部、消化系統等，以消化系統的症狀最容易被察覺，如糞便中有未消化的穀物、體重下降等。但是不易確診，從臨床症狀到照X光、做血液檢查，還要採集羽毛、血液等樣本檢測，也可能最後是白忙一場。

仔細向飼主說明後，我也慎重地告知：「這類疾病目前沒有根治的可能，只能

靠支持療法，也就是皮皮出現哪些症狀，就給牠相對應的藥物，並確保牠妥善獲得營養以維持生命。另外，」停了半拍，我繼續說：「也要做好心理準備，牠有可能在很短時間內病情惡化……」

飼主沉重地點點頭，未發一語。

不過他確實把我的話聽進去了。回家後，他早晚定時為皮皮秤重並餵藥，記錄糞便型態，體重下降則額外補充營養；回診時，我依據他詳細的紀錄表調整藥物。皮皮比我預估的多活了將近一年。

突然有天在回診前，接到飼主的訊息：

> 綦醫師，皮皮今天早上突然從站棍上掉下來，我立刻抱起牠，但牠癱軟在我的手中。我很傷心，不過也謝謝綦醫師及醫院在這段期間的用心治療。我代替皮皮謝謝大家。

不需要什麼大禮或五星好評，這段訊息就是每位獸醫師的一劑強心針。

任何醫者都不是神，但我們盡力在每位病患受苦期間，減輕牠們的痛苦，並與

照護者站在同一陣線，面對困難的疾病，做好心理準備。我想，這就是醫者所能為患者做的。

可以遇見這樣的飼主，我和小鸚鵡上輩子都燒了好香吧。

在動物、飼主、獸醫師的角色之間

畢業那年，獸醫師誓詞有一段是這麼說的：

我將本諸我的良心、尊嚴、職業道德，以及專業倫理從事我的工作；並盡我的力量維護獸醫學的榮譽和高尚的傳統。

無論是面對野生動物或特殊寵物，很多時候會遇到令人束手無策的案例。如何在動物、飼主、獸醫師的角色之間衡量，一直是我不斷學習與實踐的課題。

站在**動物**的角度，我要思考：如何讓牠的疾病好轉？無法好轉的疾病，我要如何幫助牠解除病痛？即將死亡的動物，我要怎麼讓牠在嚥下最後一口氣的時候，

不會感到痛苦？

站在**飼主**的角度，我要思考：如何在有限的經費之內，讓動物得到最適合的治療？如何在死亡找上門之前，陪伴飼主做好準備？如何在飼主放棄治療的時候，告訴他「這隻動物還有救」？

而站在自己身為**獸醫師**的角度，每晚睡前，頭腦都在瘋狂地思索：今天的某個病例，還有什麼地方是我沒有檢查到的？那隻重病的動物，明天還會活著嗎？今天安樂死的動物，是不是其實還有救？

獸醫師就是這麼一份無時無刻都在自我懷疑的工作，而醫治野生動物又是其中牽涉最廣泛的工作，除了動物本身，還要看到與其相關的其他產業、政策、教育、經濟等，每一個層面都要顧及。畢竟生命是一種令人著迷，同時也令人畏懼的存在。

這本書完結了，
但人們投入救傷及保育的努力，永不止息——

定期定額捐款，幫助野生動物

1.官網線上捐款：

2. 公益勸募帳戶匯款：

【銀行】台北富邦銀行 012 鳳山分行
【戶名】社團法人臺灣野灣野生動物保育協會
【帳號】82120000126165
＊每一份善款，野灣都會開立收據，請於捐款完成時，與我們聯繫索取。

3.更多捐款方式：https://www.wildonetaiwan.org/donation

WildOne 社團法人臺灣野灣野生動物保育協會

· 立案字號：台內團字第1070017955號函
· 統一編號：81148165
· 官方網站：https://www.wildonetaiwan.org/
· 粉絲專頁：WildOne野灣野生動物保育協會
· 聯絡信箱：wildone@wildonetaiwan.org
· 發票愛心碼：7495

【新書分享會】

《傷獸之島——我當野生動物獸醫師的日子》

綦孟柔◎著

（「WildOne野灣野生動物保育協會」共同創辦人）

2025／01／11（六）

時間｜15:00~16:00

地點｜誠品書店【高雄大遠百店】17F

書區中庭（高雄市苓雅區三多四路21號17樓）

洽詢電話：(02)2749-4988

*免費入場，座位有限

國家圖書館預行編目資料

傷獸之島：我當野生動物獸醫師的日子/綦孟柔著. -- 初版. -- 臺北市：寶瓶文化事業股份有限公司, 2024.12
面；　公分. -- (Vision ; 265)
ISBN 978-986-406-445-8 (平裝)
1.CST: 野生動物 2.CST: 野生動物保育 3.CST: 獸醫師 4.CST: 通俗作品

380.7　　113016798

寶瓶文化事業股份有限公司 AQUARIUS

Vision 265

傷獸之島——我當野生動物獸醫師的日子

作者／綦孟柔（「WildOne野灣野生動物保育協會」共同創辦人）
主編／丁慧瑋

發行人／張寶琴
社長兼總編輯／朱亞君
副總編輯／張純玲
編輯／林婕伃・李祉萱
美術主編／林慧雯
校對／丁慧瑋・李祉萱・劉素芬・綦孟柔
營銷部主任／林歆婕　業務專員／林裕翔　企劃專員／顏靖玟
財務／莊玉萍
出版者／寶瓶文化事業股份有限公司
地址／台北市110信義區基隆路一段180號8樓
電話／(02)27494988　傳真／(02)27495072
郵政劃撥／19446403　寶瓶文化事業股份有限公司
印刷廠／世和印製企業有限公司
總經銷／大和書報圖書股份有限公司　電話／(02)89902588
地址／新北市新莊區五工五路2號　傳真／(02)22997900
E-mail／aquarius@udngroup.com

著作完成日期／二〇二四年九月
初版一刷日期／二〇二四年十二月
初版二刷日期／二〇二四年十二月十日
ISBN／978-986-406-445-8
定價／三八〇元

寶瓶文化·愛書人卡

感謝您熱心的為我們填寫，對您的意見，我們會認真的加以參考，
希望寶瓶文化推出的每一本書，都能得到您的肯定與永遠的支持。

系列：Vision 265　書名：傷獸之島——我當野生動物獸醫師的日子

1. 姓名：＿＿＿＿＿＿＿＿＿＿ 性別：□男　□女
2. 生日：＿＿年＿＿月＿＿日
3. 教育程度：□大學以上　□大學　□專科　□高中、高職　□高中職以下
4. 職業：＿＿＿＿＿＿＿＿＿＿
5. 聯絡地址：＿＿＿＿＿＿＿＿＿＿

   聯絡電話：＿＿＿＿＿＿＿＿＿＿
6. E-mail信箱：＿＿＿＿＿＿＿＿＿＿

   □同意　□不同意　免費獲得寶瓶文化叢書訊息
7. 購買日期：＿＿年＿＿月＿＿日
8. 您得知本書的管道：□報紙／雜誌　□電視／電台　□親友介紹　□逛書店
   □網路　□傳單／海報　□廣告　□瓶中書電子報　□其他
9. 您在哪裡買到本書：□書店，店名＿＿＿＿＿＿＿＿＿＿

   □劃撥　□現場活動　□贈書

   □網路購書，網站名稱：＿＿＿＿＿＿＿＿＿＿　□其他
10. 對本書的建議：＿＿＿＿＿＿＿＿＿＿

11. 希望我們未來出版哪一類的書籍：＿＿＿＿＿＿＿＿＿＿

（請沿此虛線剪下）

亦可用線上表單。

讓文字與書寫的聲音大鳴大放
寶瓶文化事業股份有限公司

廣 告 回 函
北區郵政管理局登記
證北台字15345號
免貼郵票

寶瓶文化事業股份有限公司 收

110台北市信義區基隆路一段180號8樓

8F,180 KEELUNG RD.,SEC.1,

TAIPEI.(110)TAIWAN R.O.C.

（請沿虛線對折後寄回，或傳真至02-27495072。謝謝）